AF550545

KONRAD FISCHER

ALTBAUTEN KOSTENGÜNSTIG SANIEREN

•••

•••

GD-VERLAG

Bibliografische Information der Deutschen Nationalbibliothek:
Die Deutsche Nationalbibliothek verzeichnet diese Publikation in der Deutschen Nationalbibliografie; detaillierte bibliografische Daten sind im Internet über http://dnb.d-nb.de abrufbar.

Konrad Fischer
Altbauten kostengünstig sanieren
ISBN 987-3-939338-28-4

erschienen im
GD-Verlag | Gentlemen's Digest, Berlin
2. Auflage 2007

Druck und Bindung: PRESS GROUP, Slowakei
Satz und Layout: Buchgestaltung.de

Dieses Buch ist erhältlich in jeder Buchhandlung oder direkt über den Verlag im Internet: www.gdigest.com

WIDMUNG

MEINEN ELTERN
HERBERT (1919 – 1979) UND EVA (1923 – 1999),
MEINEN GESCHWISTERN ERIKA UND ARMIN,
MEINER FRAU PETRA UND MEINEN VIER KINDERN
KAROLINA, MECHTHILD, EDITHA UND WILHELM
IN DANKBARKEIT GEWIDMET

DANKSAGUNG

„Man soll bauen, als wollt man ewig leben,
und also leben, als sollt man morgen sterben."
Dr. Martin Luther

Dieses Werk verdankt sein Erscheinen zunächst meinem Verleger Ulrich Schober, der im Herbst 2006 auf meine Homepage „Altbau und Denkmal Info" aufmerksam wurde und sowohl durch gutes Zureden wie auch durch verständnisvolle und tatkräftige Mithilfe mich überzeugen konnte, aus dort Vorliegendem ein Buch reifen zu lassen.

Die Grundlagen dazu entstanden freilich wesentlich früher:

Einmal das berufliche Wirken meines Vaters Herbert. Als selbstständiger, dem kirchlichen und damals schon unorthodox traditionellen Bauen sowie dem sparsamen Restaurieren von Baudenkmalen verpflichteter Architekt legte er mit meiner kunstsinnig-musikalischen Mutter Eva das Fundament, auf dem ich aufbauen durfte.

Dann das Bayerische Landesamt für Denkmalpflege, bei dem ich nach dem Studium der Architektur ein wissenschaftliches Volontariat absolvieren durfte. Von der belehrenden und begeisternden theoretischen – ich denke vor allem an Tilman Breuer und Sixtus Lampl – sowie praktischen Kompetenz der Gebietsreferate und Bauforschung unter Gert Th. Mader zehre ich nach wie vor. Dies gilt auch für die immer konstruktive Begleitung des Landesamtes für Denkmalpflege

Bremen, mit Peter Hahn und Georg Skalecki bei der Restaurierung des alten und neuen Bremer Rathauses mit vorwiegend konservierenden und traditionellen Methoden.

Meine Geschwister Erika und Armin ermöglichten durch ihr Verbleiben in der Erbengemeinschaft das Fortführen des väterlichen Büros, auch unter wirtschaftlich angespannten Verhältnissen. Bruder Armin, ebenfalls Architekt, war als Büromitarbeiter auch viele Jahre intensiv bei der Erarbeitung der hier vorgestellten Planungssystematik beteiligt.

Aus dem Unglück der altbau- und allzu oft auch neubaufeindlichen Bauphysik hat mich Claus Meier, ehem. Leiter, dann wissenschaftlicher Direktor am Hochbauamt der Stadt Nürnberg und seit 1996 mein Weggefährte, bei vielen Fortbildungsveranstaltungen und Projekten, Gott sei Dank erlöst. Immer wieder hat er mich als treuer Mentor zu neuen alten und kritischen Einsichten ermutigt. Sie sind ganz wesentliche Bausteine dieses Buches.

Meinen Mitarbeitern, voran die Projektleiter Walter Schiel (Büroeintritt 1987) und Peter Göhring (1991), ist ebenfalls vieles zu verdanken, was die hier vorgestellten Gedanken, Empfehlungen und Beispiele betrifft. Als Versuchskaninchen neuer Planungssysteme haben sie wertvolle Erkenntnisse geliefert und ins praktisch Machbare mit umgesetzt, als leistungsfähige Mitarbeiter und Denkmalfreunde halten sie mir nicht nur den Rücken für die Bauschriftstellerei frei, sie liefern auch beständig wesentliche Beiträge beim Entwickeln und Gelingen altbaugeeigneter Reparaturen, Haustechnik- und Tragwerksplanungen.

Dankbar gedenken möchte ich auch meinen verständnis- und vertrauensvollen Bauherren sowie all den ehrbaren Handwerksleuten, die überraschend oft bereit waren, mit mir neue Wege außerhalb der üblichen Trampelpfade zu beschreiten.

Nicht zu vergessen auch all die Kritiker, die sich durch meine auf Widerspruch zielenden Bauprovokationen herausfordern ließen. Ihre Angriffe – ob nun sachlicher Natur oder unter die Gürtellinie – haben mir geholfen, die eigene Positionierung immer wieder zu hinterfragen, die Argumentation zu schärfen, aber auch gelegentliche Irrtümer und Überholtes abzustreifen.

Zu guter Letzt gilt der besondere Dank meiner Familie. Sie ist mir eine unersetzliche Stütze bei der Bewältigung der beruflichen Laufbahn, schenkt mir Verständnis und all die freie Zeit zu diesem Werk, das nur neben dem Büroalltag heranreifen konnte. Und: Was der Architekt nicht rechnen kann, muss er glauben – bei beidem hilft mir meine Frau Petra, Gymnasiallehrerin für Mathematik und Religion.

Möge dieses Buch als Arbeitsergebnis so vieler dankenswerter Voraussetzungen bei der interessierten Leserschaft eine freundliche Aufnahme finden und möglichst Vielen beim besseren Planen und Bauen nützlich sein!

INHALT

GELEITWORT

In heutiger Zeit wird der Stellenwert von Altbausanierungen stetig steigen. Denkmalpflegerische Maßnahmen unter Beachtung baukultureller Aspekte sind für das Bauen zentrale Aufgaben der Gegenwart. Dabei gilt es, bei der bautechnischen Umsetzung von Sanierungen auf langjährige Erfahrungen und bewährte Lösungen der Vergangenheit zurückzugreifen. Dies sollte eigentlich selbstverständlich sein, doch wird dieses Anliegen systematisch torpediert, weil Prämissen der Gewinnmaximierung als vorrangig angesehen und dadurch vielfach fachmännisch richtige Lösungen erschwert, wenn nicht sogar verhindert werden.

Dies ist das große Manko. Bautechnik wird weitgehend durch eine missverstandene und damit fehlerhafte Bauphysik bestimmt. Die offiziell empfohlenen und damit weitgehend zu praktizierenden Empfehlungen richten sich nicht nach dem empirischen bautechnischen Erfahrungswissen, sondern nach den Vorstellungen der Industrie, nach den Wünschen der Wirtschaft. DIN-Normen schaffen hierfür dann die mehr als fragwürdige Grundlage. Das langjährig Bewährte wird infolge dieser Lobbyistenarbeit einfach negiert, es wird abgeschafft und führt dann leider zu dem fatalen Ergebnis, dass bautechnisch fast alles falsch gemacht wird. Die so entstehenden Baufehler führen zu Bauschäden und Gesundheitsgefahren für die Bewohner.

Wie sieht der Weg aus diesem Dilemma aus?

Nur wissenschaftliche Erkenntnisse können hierfür die Basis bilden, denn Wissenschaft hat, nach unbestrittener allgemeiner Auffassung, nur ein Ziel: „Die *Wahrheit* zu ergründen" – dies sollte deshalb das Denken, Tun und Handeln der am Bau Beteiligten bestimmen. In den Naturwissenschaften, im Gegensatz zu den Geisteswissenschaften, gibt es nur *eine* Wahrheit, nämlich auf den Punkt gebracht richtig oder falsch. Für den Fachmann gilt, keine Fehler zu machen. Wenn die Fehler bekannt sind, dann ist schon viel gewonnen.

Nun wird jeder natürlich immer von sich behaupten, ausschließlich der Wahrheit zu dienen, und glaubt deshalb, stets richtige Aussagen zu machen. Auch die angewandte, staatlich verordnete Bauphysik behauptet dies von sich – aber leider irrt sie sich dabei. Gibt es nun einen konkreten Weg, vorliegende Aussagen exakt beurteilen und bewerten zu können?

Ja, den gibt es.

Die hierfür notwendige wissenschaftstheoretisch bedingte Grundwahrheit stammt von Karl Raimund Popper und wird in Di Trochio: „Der große Schwindel, Betrug und Fälschung in der Wissenschaft. Campus Verlag Frankfurt/Main New York, 1995" recht anschaulich beschrieben:

„Karl Popper widerlegte die Überzeugung, es sei immer möglich, den Beweis zu erbringen, daß etwas wahr oder falsch ist. Popper zeigte, daß immer nur der Beweis dafür möglich ist, daß etwas falsch ist, während es sich nie letztgültig beweisen läßt, daß etwas wahr ist. Dies bedeutet, daß alle wissenschaftlichen Theorien, die wir für wahr halten, nicht deshalb als wahr betrachtet werden können, weil ihre Wahrheit wirklich bewiesen worden ist, sondern nur, weil es den Wissenschaftlern, die sie formuliert haben, gelungen ist, ihren Kollegen und uns glaubhaft zu machen, daß sie wahr seien. Normalerweise schließt das die Verwendung mehr oder weniger

schwerwiegender Fälschungen und Tricks mit ein, die jedoch nicht als solche erkannt werden, oder wenn, dann erst nach langer Zeit".

Massiv auftretende Fälschungen und Tricks sind gegenwärtig jedoch leider „real gelebte Wissenschaft". Das aber heißt im Klartext:

Alles kann nur so lange behauptet werden und muss als Wahrheit gelten, bis es *widerlegt* ist. Kann es jedoch widerlegt werden, dann ist die Aussage falsch; diese logische Abfolge muss generell akzeptiert werden. Weil aber nun naturgemäß meist nur „Falschmünzer" und „Scharlatane", „Blender" und „Schwätzer", auch in der Wissenschaft, sich strikt weigern, den Nachweis des Falschen anzuerkennen, erfolgt ein leidvolles argumentatives Hin und Her, man wehrt sich mit Vehemenz gegen die aufziehende und zu erwartende Blamage. Obgleich die Logik das Falsche eindeutig lokalisiert, wird eine Falsifikation mit fadenscheinigen Gründen abgelehnt und verworfen – und leider dauert es dann doch immer eine längere Zeit, ehe sich das Wahre langsam durchzusetzen vermag. Diese nur im Interesse proklamierter Umsatzsteigerung in Industrie und Wirtschaft immer mehr sich durchsetzenden Unwahrheiten durch systematische Gehirnwäsche auch in den Medien müssen demaskiert werden. Dem richtigen Bauen muss endlich wieder die ihm gebührende Geltung verschafft werden, um Gefahren für Gebäude und Bewohner abzuwehren.

Hier zeigt sich Konrad Fischer unbeirrt konsequent und übernimmt durch Selektion innerhalb der sich leider immer weiter um sich greifenden Informationsschwemme eine Vorbildfunktion in Planung und Ausführung. Eine Informationsflut führt automatisch zum Informationschaos; die anzustrebende Wissensgesellschaft mutiert dabei zum Schaden der Bautechnik immer mehr zur Meinungsgesellschaft – und Meinung ist bekanntermaßen manipulierbar, produzierbar und mündet letztendlich im Meinungsterror. Das für das Bauen notwendige Wissen wird gegenwärtig einfach durch Meinung ersetzt. Dieser Missstand muss durch intensive Aufklärung endlich überwunden werden.

Hierfür Grundlagenarbeit für das Sanieren von Altbausubstanz erarbeitet zu haben, ist das Verdienst von Konrad Fischer. Einem Architekturhaushalt entstammend hat er schon frühzeitig die (Un)Zeichen der Zeit erkannt und sich gegen eine Entmündigung des Planenden durch vorgefertigte Billigprodukte der Industrie gewehrt – selbst ganze Häuser können ja schon beim Supermarkt gekauft werden. Der Qualitätsverlust ist eminent. Das Designertum ist ihm fremd, auch Modetrends widersteht er beharrlich. Sanieren von Altbausubstanz bedeutet für ihn, die Einzeldisziplinen am Bau als Einheit zu sehen und stets das Gesamtwerk im Auge zu behalten; dies aber bedeutet harte Entwurfsarbeit im Detail.

Das Erfahrungswissen seiner Jahrzehnte langen Berufserfahrung konnte Konrad Fischer bisher in Vorträgen und Tagesseminaren sowie auf seiner Webseite „Altbau und Denkmal Info" dem interessierten Fachpublikum mannigfach präsentieren. Es ist deshalb nur zu begrüßen, wenn sein Fachwissen jetzt auch in Buchform zur Verfügung gestellt wird.

Prof. Dr.-Ing. habil.
Claus Meier, Nürnberg

Fachbuchautor:
Richtig bauen, expert verlag

VORWORT

Sitzen Sie gerne in urgemütlichen Kneipen? Schmeckt Ihre Brotzeit, Vesper, Jause oder Stulle in einem alten Biergarten, der Waldbaude, einer Straußwirtschaft oder rustikalen Almhütte am Berg auch besser als im zeitgeilen MäckBörger des Gewerbegebiets am Autobahnzubringer?

Genießen Sie die Atmosphäre vergangener Zeiten bei einem Altstadtbummel, dem Besuch einer ehrfurchtgebietenden gotischen Kathedrale oder der fast kuschelig kleinen Dorfkirche? Bringen Sie abgelegene Burgruinen, prunkvolle Schlösser, aber auch alte Bauernhäusl, notfalls sogar im Freilichtmuseum, gleichfalls ins Träumen?

Empfinden Sie die geheimnisvolle Majestät und den eigentümlichen Zauber alter Bauwerke im Innersten Ihres Gemüts? Bringt die heimelige Butze, das „alte Geraffel“ dort etwas Verlorengegangenes zum Erklingen, von dem Sie zwischen schimmelgeplagten Dichtbuden und Allerwelts-Wegwerfarchitektur aus tabellengestütztem Schundbaustoff, flachgedachtem Betonmonster und energieschleuderndem Hightech-Glaspalast fast gar nichts ahnten?

Wollen Sie selbst – vielleicht sogar anstelle KfW40-Neubau – einen Altbau für sich und/oder andere sanieren? Aber: Hier und da bröselt was, sieht dunkel, feucht, grün, braun, gammelig, brüchig, schief und scheps aus, riecht muffig, streng oder pilzig. Das muss wohl erneuert werden, möglichst gut und preisgünstig?

Verunsichern Sie die zwar wohlfeilen, aber erstaunlich widersprüchlichen Ratschläge der so arg treuherzig dreinblickenden Handwerker, Planer, Freunde, Verwandten und Forentrolle, die Sie alle schon eingeholt haben? Formaldehydisiertes Steingewöll, brandexplosive Weißschaumplatte oder boratverpestetes Zeitungsgeschnipsel mit mottenfreundlicher Schafhaaruntermischung? Vergiftete Bohrlochinjektion, treibsalzerzwingender Heilputz oder edelstahlverrammte Mauerzersägung? Kryptonisiertes Pottdichtfenster plus ventilierende Keimschleuderschachtleitungen, schwermetalldotierte Solarplatte und Tiefenbohrung bis Neuguinea, skandinavischer Speckschwartenofen, Grundbiofeuermultizugofen oder Holztablettenheizung mit DSL-Servicestandleitung nach Ösiland? Lehmdichtnassputz mit schimmelnährendem Kleisterkalkanstrich oder diffusionsoffene Trocknungsblockerplastikbeschichtung?

Was denn nu? Sie wollen es wirklich wissen?

Dann sind Sie hier richtig, dieses Büchl könnte grad für Sie etwas sein.

Die gute Aufnahme seiner ersten Auflage als eBook im Spätherbst 2006 haben den GD-Verlag und mich ermutigt, nun eine zweite Auflage – diesmal auch in gedruckter Version – herauszugeben. Dafür wurde der vorliegende Text – in seiner Grundstruktur neben meiner Büroarbeit aus Seminarskripten sowie verschiedenen Webseiten für die „Altbau und Denkmal Info“ entstanden und deswegen nur bedingt in „Fachbuchmanier“ – wesentlich erweitert, verbessert und aktualisiert.

Was ist nun der Unterschied zu anderen Sanier-Publikationen? Erstmal geht es mir nicht um eine Stilvorlage im Sinne von „Schöner Altbausanieren“. Wer ein altes Haus besitzt oder erwerben will, hat sich ja meist schon für genau diese und jedem Bauwerk eigentümliche Atmosphäre entschieden. Je mehr es gelingt, diesen Hauscharakter in die neue Nutzung zu übernehmen, desto besser für die Baukosten. Auch die vom Bauherren eingeschalteten Planer und Handwerker sollten sich zumindest aus Gründen der Wirtschaftlichkeit daran halten. Das setzt freilich erhebliche Kundenfreundlichkeit, uneigennützige Servicebereitschaft, also Demut, Bescheidenheit und Unterordnung voraus. Eine Schnittmustervorlage vom Neogotismus bis zum Post-Cottagestyle inklusive High-Tech-Offensive von der Fassade bis in den Wohnraum als Inspirationsquelle wäre da mehr als unangebracht. Vielleicht überraschend: Ein saniertes Bauwerk muss nicht zum Mars fliegen können. Ist das vielleicht ein Geheimnis?

Richtig verstanden liefert jedes alte Haus und sein aktueller Bauzustand eigentlich fast alle Hinweise, was mit ihm künftig geschehen soll. Und das bedeutet gerade kein mythisches „Rückführen auf die Originalsubstanz" und „Restaurieren im alten Style", ebenso kein Verwirklichen ausnahmslos aller technischen Modernitäten, wenn es uns um kostengünstiges Instandsetzen geht.

Viel eher kommt es darauf an, der zum Start der Sanierung vorhandenen Bausubstanz gerecht zu werden, möglichst viel technisch brauchbare Konstruktionen auch weiter zu verwenden und nicht auf dem Altar zweifelhafter „Verschönerung" und „Verbesserung" zu opfern. Dafür ist es wichtig, sich die guten, klugen (heute „intelligenten") und langzeitbewährten Eigenschaften alter Bauteile und Konstruktionen wieder in Erinnerung zu rufen. Im Unterschied zu vielen modernen Sanierverschlägen müssen sie wesensgemäß und bestandsverträglich „behandelt" werden – im technischen und gestalterischen Sinne. Das ist gar nicht so leicht, angesichts der Vielzahl dem widersprechenden Voraussetzungen. Allzu viele Bauschäden an alter Substanz erweisen sich ja erfahrungsgemäß als Folgen misslungener Sanierungen mit unpassendsten modernen Mitteln. Die hohe Qualität einer geschädigten alten Bausubstanz lässt sich meist mit weniger Aufwand und kostengünstiger wiedergewinnen, als es eine Totalerneuerung verspricht.

Nicht nur mangelhafte Handwerkserfahrung im selbstverständlichen Umgang mit alter Bausubstanz, freche Brutalverwüstungen mit neuzeitlichen Restauratorentunken oder Schnellbaustoffen aus der Hexenküche der Baualchemie, fehlende planerische Kenntnisse, falsche Normen, betrügerische Werbeversprechungen und baurechtliche Schwierigkeiten (Brandschutz!) müssen hier überwunden werden.

Verlorene Handwerksgeheimnisse und Konstruktionsselbstverständlichkeiten, selbst der Bauherr und seine sparwütigen oder geizgeilen Finanzierungsideen stehen einer kostengünstigen Baureparatur oft entgegen – auch dank medialem Trommelfeuer für vielerlei Sanierpfusch und Zuschusswerbung wie für „energetische Sanierung“ mittels schauerlicher Methoden von der hermetischen Fensterabdichtung über die Dämmstoffummantelung bis zur Zupflasterung des gesamten Daches mit Fotovoltaik.

Hier soll also nicht gelehrt werden, wie Sie einen Altbau durch teuren Energiesparklimbim zum heizungslosen Stromlieferanten umbauen, um ihn danach dank Sick-Building-Syndrome mit den Füßen voraus zu verlassen. Ein Bauwerk ist zum Leben da, nicht zum Energiesparen, haben Sie das schon gewusst? Wir sind ja auch nicht zum Luftanhalten auf die Welt gekommen, zur rechten Zeit muss schon mal geschnauft und gepustet werden.

Allermodernste Ansprüche, die eigentlich laut nach einem Neubau schreien – Barrierefreiheit, Lifteinbau, Brandschutznorm bis aufs I-Tüpfelchen, High-Tech-Aufrüstung vom Fundament bis zum Dachspitzl und viele weitere unangepasste Nutzungsvorstellungen – können einem unschuldigen Altbau freilich reingezwungen werden – mit kostengünstigem Sanieren: unserem Thema – hat das dann aber nichts mehr zu tun.

Das heißt nun freilich nicht, dass ein Altbau grundsätzlich „museal" zu behandeln und zu nutzen wäre, wenn es um Reparatur und Modernisierung mit geringem Budget geht. Doch es braucht eben besonderes Geschick und auch etwas Anpassung an altbautypische Gegebenheiten, um ein solches Projekt kostensicher und preiswert abzuschließen.

Hierzu braucht der Bauherr aber nicht nur technisches und gestalterisches Verständnis. Auf dem dornigen Weg über die bekannten Hürden und unvermuteten Stolpersteine nutzt ihm auch etwas Hintergrundwissen zu den aus übertriebenem Bauluxus Profit schlagenden Baubeteiligten und ihren hintergründigen und von Eigennutz diktierten Strategien, die auf Kosten des Bauwerks und der Bauherrenkassen ausgelebt werden. Genau darum geht es hier auch.

Viele Beratungen, Gutachten und Planungen für private und öffentliche Bauherren und Sanierungsopfer haben den Rahmen und die Themenvielfalt dieser Publikation mit geprägt. Entstanden ist dabei keine „Altbaulehre" mit verwissenschaftlichtem Begleitapparat und unerschöpflichen „Detailsammlungen", „denkmaltheoretische Ergüsse" oder „Fallbeschreibungen inkl. Foto und Musterplanzeichnung von A-Z" und die oft so gern gewünschte Empfehlung perfekter „Sanierprodukte" inklusive aller nützlichen Adressen für Do-It-Yourselfer und Selbstplaner. Warum? Weil solche Botschaften eine erhebliche Gefahr der

Irreführung in sich tragen und es besser wäre, in jedem Fall erst mal neu nachzudenken und nicht auf 08/15-Lösungen „bewährter" Produkte und arg treuherzig dreinblickender Sanierspezln zu hoffen. Also: Kritische Betrachtung und Verunsicherung als unabdingbare Voraussetzung einer vorsichtig entwickelten und funktionierenden Lösung.

Die Problemaufbereitung für Alles und Jedes ist angesichts der unterschiedlichsten Fallgestaltungen sowieso ein Unding. Sie soll hier gar nicht versucht oder vorgespiegelt werden. Dafür reichte selbst der Erfahrungsschatz des Autors bei über 400 Altbausanierungen gewiss nicht aus.

Es wird also niemals möglich sein, alle Lösungen für alle Bauprobleme zum ikeamäßigen Nachbasteln für Jedermann darzulegen. Der Leser wird freilich genau dies für seine Probleme und Problemchen erwarten, das ist mir klar. Deswegen möchte ich stattdessen praxisnahe Problemanalysen als dialektische Alternative anbieten. Der aufmerksame Leser kann daraus die genau seine Sache betreffenden Schlüsse ziehen und mit diesem Hintergrundwissen zielgenauer auf seine Lösung zuarbeiten.

Merke: Aus Schaden wird man klug – am besten aus fremdem!

So ist es vielleicht besser nachzuvollziehen, warum hier durchaus bissig, böse und penetrant auf vielen Schwachpunkten und Altbau-Gefahren herumgehackt wird. Wenn es nur einem Leser bisher verschlossene Augen öffnet, wenn es nur eines der beschriebenen Probleme vermeiden hilft, dann hat sich das schon gelohnt. Ich will und darf dafür nicht „diplomatisch" sein, möchte weder pseudoseriös herumexperteln noch wohlfühlmäßig einlullen, auch keinen Klassiker für die Weltliteratur liefern – es geht um Probleme, um Problembewusstsein, um Problemvermeidung und um Problemlösung im Altbau. Dafür muss uns hier wenigstens jedes Werkzeug – auch die deutlich-deutsche Sprache – recht sein, oder? Also nicht erschrecken, wenn es teilweise arg lustig, ironisch, zynisch, sarkastisch, satirisch, grotesk überspitzt und für manche Geschmäcker gar zu dick aufgetragen wird – der Zweck heilige die Mittel!

Es gibt hier auch kein Auseinanderklamüsern und Referenzieren der im Altbau nur sehr bedingt anwendbaren Normen und Regeln, die auch[1] den Vorstellungen ihrer industrienahen Verfasser in den interessensgeleiteten Ausschüssen gerecht werden sollen.

Ganz im Gegenteil bekommt der interessierte Leser – egal ob Bauherr, Planer, Sachverständiger oder Handwerker – hier Einblicke in das Misslingen solcher Norm-Sanierungen. Diese sind meist wesentlich teurer als bewährte Systeme, lösen gleichwohl die eigentliche Problemlage ganz und gar nicht wie beworben und verursachen obendrein Folgeschäden. Solch Bautölpelei kostet dann dreimal sinnlos Geld, wenn danach vor Gericht gestritten wird, auch viermal. Und wird dennoch von sogenannten Schwachverständigen immer wieder in ihren Schlechtachten inbrünstig gefordert oder empfohlen. Dagegen nutzt eine öffentliche Bestellung und Vereidigung meist gar nix.

Es gibt selbstverständlich auch keine auf dieses Werk einflussnehmende Kofinanzierung von sonst woher – es gibt nur Werbung für mehr Verstand, Vorsicht und Nachdenklichkeit am Altbau. Und eine Referenz vor dem Geschick der alten Baumeister und der Handwerkskunst. Wer könnte und wollte (!) wohl heute noch so dauerhafte Bauwerke errichten, wie sie uns in Stadt und Land mit überraschend vielen Baudenkmalen trotz langjähriger Nutzung und

1 vgl.: DIN-Normen sind „Vereinbarungen gewisser Kreise […], die eine bestimmte Einflußnahme auf das Marktgeschehen bezwecken." Gem. „Meersburgurteil" vom 22.05.1987, Bundesverwaltungsgericht, Aktenzeichen 4C 33-35/83.

Bewitterung, auch allerlei weitere Gefahren vom Stadtbrand über den Bombenterror bis zu „Stadtsanierung", „Denkmalpflege" und „Modernisierung" glücklich oder gerade mal so eben überlebend noch vor der Nase stehen?

Was waren wohl die geistigen und technischen Voraussetzungen, unter denen die in christlichen Vereinen, den Zünften, vereinten Handwerksmeister, ihre Gesellen und Lehrbuben die uns heute als historische Altbauten gegenübertretenden Bauwerke errichteten? Was wollten ihre Auftraggeber, die geistlichen und adeligen Herren, stolze Bürgersleut und der ehrbare Bauernstand damit aussagen, neben dem reinen Nutzungsbedürfnis? Ob uns vielleicht nicht nur der dazu nötige Verstand, sondern auch der ebenso unabdingbare Anstand und die am Nächsten orientierte Sittlichkeit etwas verloren gegangen sind?

Können – nein: sollten wir uns aus den Lehrbeispielen gelungenen Bauens der vergangenen Zeitalter auch heute noch Wegweisung suchen? Massiv statt Schaum, Flocken und Gespinst, bestens trocknungsfähig statt diffusionsoffen absaufend, simpelst funktionierende Niedrigenergiebauweise – im Sommer kühl, im Winter warm, an der Erfahrung abgeprüfte Haustechnik und Bauphysik mit geringstem Aufwand und dennoch perfektem Raumklima, vornehme, durchdachte und funktionale Gestaltung bis ins kleinste Detail, grundsätzlich störungstolerantes Bauen, ehrbare Handwerkskunst gegen Technikkasperei und Pfusch – kann, nein: darf das heute noch gelingen? Jeder mag sich auf solch peinliche Fragen die Antwort selber suchen. Dazu will dieses Buch Hilfestellung leisten.

Selbst wenn der interessierte Leser hier keine Patentrezepte nach dem Motto „wie mach ich dies und wie mach ich das" finden wird, gibt es freilich viele konstruktive Hinweise zu den maßgeblichen Instandsetzungsfragen. Sie können zumindest als Weichenstellung dienen für eine die sparsame und alte Reparaturtradition weiterführende, technisch vorteilhafte, weil den Altbau respektierende – also insgesamt andere, im Hinblick auf üblichen Sanierpfusch geradezu „alternative" – Instandsetzung. Dafür nützen die hier auf Blut, Schweiß und Tränen der Praxis gestützten Problembeschreibungen. Gewappnet mit etwas mehr Problembewusstsein als üblich, können alle Beteiligten ihren Part an der Sanierung bestimmt besser erfüllen.

Dieser nicht nur von Verhökerungsinteressen, sondern auch vom Zeitgeist unabhängige Leitfaden zu vielen Herausforderungen der Altbausanierung ist der guten Sache wegen durchaus provozierend gegen den Strich gebürstet und widerlegt die in der üblichen „Fachliteratur" vom „Bauherrenratgeber" bis zum „Altbaulexikon" propagierte Sanierpraxis. So kann die Altbaureparatur wesentlich kostengünstiger werden. Und zwar für alle Baubeteiligten – sei es nun aus logischem Bauherren-Eigeninteresse oder als Wettbewerbsvorteil für Handwerker und Planer gegen die allzu unverschämte Teuer- und Alles-neu-Macherei der Konkurrenz. Vielleicht auch als kleiner Ratgeber für effizientere Förderung und mehr Substanzerhaltung in der Denkmalpflege. Das wäre was.

Ich wünsche dem Büchlein gute Aufnahme bei der Leserschaft und jedem Leser viel Erfolg bei seinem Vorhaben! Es hängt von Ihnen ab, was Sie daraus machen …

Konrad Fischer
Hochstadt am Main im Mai 2007

EINFÜHRUNG

Was heißt nun eigentlich „Altbauten kostengünstig instandsetzen"? Sanieren kostet doch viel Geld, das wollen wir hier keinesfalls verniedlichen. Die vergleichbaren Neubaukosten setzen aber ein nachvollziehbares Limit.

Die Schmerzgrenze der vollständigen Sanierung eines langjährig vernachlässigten Gebäudes mit entsprechenden Bauschäden und erheblichem Modernisierungsbedarf dürfte bei etwa 2.000 bis 2.500 EUR/qm² sanierter Fläche liegen, je nach Konstruktions- und Ausstattungscharakter sowie Bauvolumen. Und ein kellerloser Billigbau aus mickrigen Holzstecken, beplankt mit Pappendeckel und vollgestopft mit luftigen Fasern, Flocken oder Schäumen oder aus dämmstoffkaschierten Dünnwänden ist – obzwar angesichts der minderen Bauqualität immer noch heillos überteuert – natürlich nicht „vergleichbar".

Kostengünstig gilt auch im Unterschied von teuren, substanzzerstörerischen und rundumerneuernden Saniermethoden und einer mehr schonenden Herangehensweise.

Hier geht es uns um genau diese beiden Aspekte, die ja eng miteinander verwoben sind.

Wie gelingt es nun, das „kostengünstige Instandsetzen", was sind die Voraussetzungen seitens der Planung, seitens der Baubeteiligten und wie könnte es im Detail aussehen?

Diese Fragen sind gewiss nicht allgemeingültig und abschließend zu beantworten. Dennoch gibt es genug theoretische Grundsätze und in der Praxis bewährte Erfahrungswerte, die es wert sind, in derartige Überlegungen einbezogen zu werden. Sie sollen hier zur Sprache kommen.

Die planerischen Voraussetzungen stehen am Anfang, dabei gehen wir von der Übersicht ins Detail. Die zunächst angesprochenen Grundfragen und Probleme werden also im weiteren Text nochmals detailliert und können so besser „verinnerlicht" werden.

Nur aufeinander aufbauende und durch ein auskömmliches Planungshonorar abgesicherte Projektstufen:

- eine systematische technische Bestandsaufnahme durch detailliertes Konstruktionsaufmaß, Raumbuch- und Holzliste mit korrekter Schadensanalyse,
- eine gewerkweise Kostenberechnung und -steuerung,
- eine bestandsgerecht sparsame Reparaturtechnik mit gewerkweiser Leistungsbeschreibung im Positionsbausteinsystem sowie
- ein kosten- und bautechnisch optimierter Vergabe- und Bauablauf

können den kostensicheren Erfolg auch im Altbau sicherstellen. Voraussetzung dafür sind drei Planungsprinzipien:

- „Erhalten statt Erneuern"
- „Handwerkskunst statt pseudowissenschaftlicher Ideologie"
- „Gute Baustoffe statt Chemiewaffenangriff auf Mensch und Bestand".

Auf sinnlose Dämmstofforgien auf, vor und unter dem Haus, auf „Öko"-Energie aus Sonne und Wind und auch auf luxuriöse Stahlglaserei kann dafür mit ruhigem Gewissen verzichtet werden.

1. KOSTENSPARENDE UND SCHADENSFREIE INSTANDSETZUNG – EINE PROBLEMÜBERSICHT –

*Martin Luther (*1483 † 1546), der geistige Vater der protestantischen Reformation:*

Nicht durch Macht werden die Dinge erhalten, sondern durch Klugheit.

Wem soll man diese Sanierung anvertrauen?

Dem Alles-Neu-Handwerker? Dem Stahltonnagenstatiker? Dem Entwurfsfuzzi? Oder doch dem bestandserhaltenden Reparatur-Architekten?

Wohnen und Wirken, Soziales, Sakrales, Kultur und Gewerbe – historische Bauwerke sind für viele Nutzungen geeignet. Gut renovierte Altbauten können am Immobilienmarkt gegenüber Neubauten schlagkräftige Vorteile bieten:

- Lage
- Bestandsbaurecht und erhöhte Grundstücksnutzung
- Bau- und Nutzungsqualität
- vorzeigbare Fassade und stimmige Atmosphäre
- bei großzügigem Zuschnitt leicht modernisierbar

- bestens vermietbar, gute Mieterbindung
- langfristig vorteilhafte Investitionsanlage

Kurz: Es gibt viele Gründe, Altbauten einer neuen Nutzung zuzuführen. Immer kostet das aber neben einigem Geld auch originale Bausubstanz.

Was sich Deutschlands Nachkriegsaufbau hierbei geleistet hat, spottet allerdings jeder Beschreibung.

Die Zerstörung unserer einst werthaltigen Gesellschaft geht auch auf das Konto menschenverbesserischer und damit unmenschlicher Utopien. Autogerechte Stadt, Licht, Luft, Nutzungsentflechtung zwischen Selbstverwirklichung und Käfighaltung hießen und heißen die Parolen der Gleichmacherei und des angeblichen Fortschritts. Die Folge? Entwohnte, unwirtlichste, verfallende und dann wegplanierte „Altstadtquartiere“, heutzutage auch als „Rückbau“ und „Strukturstärkung“ aus dem Staatssäckel gefördert. Eine oft unvorstellbare Zerstörung des „Kulturerbes“ oder „alten Geraffels“ hat sich lawinenartig bis in den letzten Winkel auf dem platten Land ergossen, vom ruinierten Groß- und Kleinstadtviertel bis ins kleinste Detail der vielen schon abgerissenen oder durch maßstabslose Modernisierung pervertierten Bürger-, Arbeiter- und Bauernhäuser – ohne Anschauung des Erhaltungswertes, ohne Versuch einer oft mit einfachen Reparaturen machbaren Anpassung für neue Nutzung. Was haben wir für diese geradezu unmenschlichen Anstrengungen eingeheimst? Vollbetonierte Flachdachklötze, plasteverklebte Schimmelbuden – alles technisch minderwertige und absurd hässliche Strukturen, die nun (Gott sei Dank?) miteinander verrotten und zerbröseln, ihre Nutzer gesundheitlich gefährden und mental deprimieren. Ihr hin und wieder überraschender Einsturz – jawohl, auch wenn in der Norm so nicht vorgesehen: Beton rostet heimlich! Leimbinderklebfugen können unbemerkt verrotten! – kann sogar Menschenleben kosten. Ist das die Wiederauferstehung der mauerbrechenden Jerichoposaunen, des angloamerikanischen Terrorbombardements, der balkanhassglühenden Denkmalzerschießung in neuem – wie so oft staatlich sanktioniertem und bezahltem – Gewand? Findet sowohl der Spenglersche Kulturpessimismus wie auch der Molochstaat nach Nietzsche hier endlich seine totale Erfüllung?

Wie geht es heute weiter?

Zwangsweise diktierte Energiepassnoten wollen erdämmt sein.

Unsere Wohnungen müssen zu luftdichten Thermoskannen mutieren.

Diese Bauverbrechen verdienen staatliche Kredit- und Zuschuss-Pakete.

Und warum eigentlich?

Ein neuer Aberglaube greift um sich. Er heißt diesmal „menschengemachter Klimawandel“, die Staatsreligion „Ökologismus“ und „Klimaschutz“. Allerlei Scharlatane und Simulanten in wissenschaftlichem Gewand peinigen uns dafür mit computergemachten Weltuntergangsprognosen, gegen die das katholische Fegefeuer ein pures Vergnügen war. Wir Klimasünder müssen uns Ablass kaufen, die Tetzels der Ökolobbykratur stehen schon auf jedem Marktplatz und lassen ihre Kästen klimpern. Durch allerlei Lügenmärchen (vgl. „Des Kaisers neue Kleider“, aber Vorsicht, vorlaute Buben werden heutzutage mindestens mundtot gemacht!), Betroffenheitsrituale, Lichterketten, Meinungsmache und -diktatur, Gleichschaltung und Schuldrituale schon bestens konditioniert, löhnen wir, geißeln uns wieder zur Buße und unsere Bleibe gleich mit. Es geht diesmal um „energetische Sanierung“, vulgo „Heilung“. Nebenbei wollen wir auch noch die ganze Welt globalklimamäßig genesen lassen oder zumindest mit höchstsubventioniertem Ökoschmonz erobern. „Alternative Energie" – in direkter Nachfolge der barocken Goldmacherkunst – aus Schweinemist, gepressten und geschnetzelten Holzbröcklein, seltenen Sonnenstrahlen und quietschenden Windrädlein heißt die Devise. Heil Öko! Koste es, was es wolle, nach uns die Polschmelze und steigende Meeresspiegel. Und den muselmanischen Ölscheichs – was wäre das einst christliche Abendland ohne fetziges Feindbild? – wollen wir so ordentlich die Harke zeigen. Zusätzlich zu den arg wohlgesonnenen Carepaketen aus Bombenschächten und unserem auch dafür geplünderten Steuersäckel.

Für derlei Heilversprechen ist dem Bausimpl jeder Plunder recht, mag er auch noch so sinnlos sein, Kosten und Energie vergeuden, das Haus im Kondensat ertränken und die Bewohner im eigenen Mief vergasen. Wir sind als Land der Dichter und der Dämmer im Dienste der Lobby wieder mal Weltmeister – bei den inzwischen nahezu 10.000 Kinderasthma-Toten im Jahr. Bei etwa 50 Prozent Schimmelwohnungen liegen wir noch etwas hinter den 70 Prozent unseres heilbringenden Vorbilds USA mit seinen windigen Dämm- und Plastikbuden zurück, bestimmt nicht mehr allzu lange. Und wie sieht es in der alten Bausubstanz aus?

Gibt es für den noch unmodernisierten Altbau eigentlich einen gefährlicheren Feind als falsche Planung und uns Planer?

Mit wohlklingenden Begrifflichkeiten wie „Denkmalpflege", „Reko", „Sanierung" und „Nachhaltigkeit" verbrämen wir unseren Vernichtungsfeldzug gegen den Bestand:

- Neubaunormen und Vorzustandsrekonstruktion,
- übertriebene, sachlich nicht immer gerechtfertigte Nutzungsansprüche und baurechtliche Forderungen,

- „Schlechtachten" der Bauphysik und -chemie,
- Ökoaberglauben,
- unsere Ausbildungslücken,
- egomanische Selbstverwirklichung,
- Bauhäuslerei und unauskömmliche Honorare

... begründen immer noch jeden, also auch den teuersten und technisch unsinnigsten Eingriff bis zur „Entkernung" oder gar Abriss aus „wirtschaftlichen" Gründen. Als ob es wirklich darum ginge, was wirtschaftlich sei! Für unsere phantasiegeplagten Nutzungsstudien und jurybepreisten Entwürfe soll doch gefälligst der Bauherr sehen, wo er das Geld beikriegt. Dabei wäre es klar, dass Altbauflächen genutzt werden können. Doch mit welchem Ertrag? Eine simple Kosten-Nutzen-Analyse gäbe schnell Auskunft über die Machbarkeit unserer Wahnideen. Denn ebenso klar ist, dass nur verglaster Stahl mit Solarplatten obenauf und „umweltneutralem" Energiekonzept – will sagen möglichst schimmeliges Holzgehäcksel, von weither herbeigekutschte giftbelastete, transportschneckenverstopfende und elektronikverstaubende Altholzpellets, bodenbefrostende Erdsonden fast bis nach Australien oder kilometerlange Wasserschlauchverbuddelung die Jurys begeistert. Die auch beliebte „Alternative": Eine zeitgeistgetreue Denkmalfälschung plus krassem Kopfgeschwür und/oder viereckigem Wurmfortsatz, liebevoll als „Schöpferische Denkmalpflege" und „Neues Bauen in alter Umgebung" beschworen. Nicht immer gelingt derlei technisch einwandfrei. Das freut die Advokaten und auch die Gerichtsgutachter kommen nicht mehr nach.

Zum Schluss soll dann das Handwerk richten, was in der Planung nicht bedacht.

Wenn es das nur könnte! Gar zu viele Handwerker haben sich darauf spezialisiert, plan- und planerlos schlaumeiernde Bauherrn aufs Kreuz zu legen. Schnellstmögliches

Pfuschen bei geringst möglicher Haltbarkeit: Anwenderfreundliche Balkonsanierung, Fensteranstriche, Schimmelbeseitigung, Fassadendämmung, Wartungsfugen, Schnellzement und Plastiksoßen sorgen garantiemäßig dafür, dass solch listige Bauherren schnell, aber meist zu spät aufwachen werden. Aus der Traum vom verständigen, ehrlichen Handwerk! Mit leeren Taschen. Doch auch so mancher Billigplaner und sogar Baubeamte beziehen ihre Weisheit aus derselben Quelle: Vom so arg freundlichen Handwerker, der ihm umsonst oder gar kuvertgestützt zuarbeitet für versprochenes späteres Zuschustern der Aufträge oder gleich vom verführerischen Produkthersteller mit seinen geschenkbeladenen Außendienstmitarbeitern.

WER DEN BAU WIRKLICH BEHERRSCHT

Nicht nur das Baustoff- und Konstruktionsverständnis von uns Planern besteht manchmal aus schwarzen Löchern. In diese stößt das wohldotierte Vermarktungsgeschick des Firmen-Baustoffberaters, auch hochtrabend „Sanierberater"[2] tituliert, wie der Habicht auf das Huhn. Bei unterfinanzierter Planung – also bei 99,99 Prozent aller öffentlichen und privaten Planungsaufträge – liefert er flugs:

- Umsonstberatung, -begutachtung und -planung,
- Kostenschätzung, Angebotsauspreisung und
- die komplette Ausschreibung.

Als besonders nahrhaftes Zubrot gibt's dann geschenkgestützte Besuche. Bei der Nennung dieser diskreten, oft langbewährten Zusammenarbeit zeigt sich so ein Planer aber eher zugeknöpft: Der Fragenkatalog bei Bewerbungen nach VOF (Verdingungsordnung für freiberufliche Leistungen) nach: „wirtschaftlicher Verknüpfung mit Unternehmen", „ob in relevanter Weise mit anderen zusammen-

2 = Heilberater ... denkt man da nicht gleich an die bekannten Praktiken der Pharmaberater?

gearbeitet werden soll" und „ob die Durchführung der freiberuflichen Leistung unabhängig von Ausführungs- und Lieferinteressen erfolgt" (§§ 2, 4 VOF) wird dann einfach frech und falsch beantwortet. Niemand wird und will es merken.

Der eigentliche Bauherr (Kämmerer, Steuerzahler, Kirchengemeinde, privater Auftraggeber) kriegt das natürlich nicht mit. Lieber freuen er oder seine untreuen „Vertreter" sich, es dem Planerschnösel wieder mal gezeigt zu haben: durch Unterbewertung der Honorarfaktoren mit folgendem Null Mindestsatz. Wenn er nicht mitmacht, warten zig Kollegen, die die Baustoffkorruption besser beherrschen, schon auf den Auftrag. Zu jedem Honorar. Wenn sich der rechthaberische Planer beschwert, wenn er den Vergleich von einschlägigen Ausschreibungen als Leistungsnachweis und entscheidendes Vergabekriterium für den Planungsauftrag fordert, gilt das als Donquichotterie und „Kampf gegen Windmühlenflügel" (Originalton Staatsbauamt).

Beliebt ist auch die andere Handwerkerlösung: Angebotseinholung als Ersatz für Technikplanung – Angebotspreise raus getippext – fertig ist das LV (Leistungsverzeichnis). Ergebnis? Wir wollen hier nicht spotten ;-)

Wie die Bieter dann die durch diese gängigen Formen der Baukorruption grundsätzlich entstehenden produktbenennenden Leistungsbeschreibungen ausnutzen können, ist Bauherrn offenbar wenig bekannt. Die VOB (Verdingungsordnung für Bauleistungen) verbietet zwar die fachlich unbegründete Produktnennung auch mit Zusatz „oder gleichwertig", um die dann über den Hersteller (oder Baustoffgroßhändler) eingefädelten Bieterkartelle zu verhindern. Jede so produktgetürkte Leistungsausschreibung müsste also wegen Korruptionsverdacht aufgehoben werden. Doch egal, dieses Risiko nimmt der geschmierte Planer (und leider allzu oft sein Helfershelfer im Bauamt) notgedrungen in Kauf. Die Beispiele sind Legion. Vorsichtshalber liest man eben keine VOB, geschweige denn den VOB-Kommentar oder die Prüfvorschriften der staatlichen Rechnungsprüfung („Hinweise zur Manipulationsverhütung"). Die leider nur allzu selten angewendet werden. Vielleicht auch, um die allgemeine Honorarerpressung nicht zu unterminieren.

Doch Planungsverträge sind Vereinbarungen auf Gegenseitigkeit, optimale Leistung will stimuliert werden, Druck erzeugt Gegendruck mit Zins und Zinseszins. Nicht nur Sadowa, auch Vertragssadismus fordert Revanche. Folge am Bau: Der Planer zerstört die eigentlich mitverwendbare Altbausubstanz, so viel er kann, ebenso wie der Fachplaner und der Handwerksmeister. Dieses stillschweigende „Bündnis für Arbeit" fördert Umsatz und Gewinn. Der Bauherr tappt rettungslos in diese Baukostenfalle. Die Schadensfälle der modernen und überteuerten Baustoffe und -verfahren treiben dann das Schwungrad der Dauersanierung an. Und der Baustoffvertreter erzählt stolz von seinen tollen Freunden in diesem und jenem Büro, die ihm seine Qualitätsprodukte aus der Hand fressen. Fragen Sie mal nach seinen „Referenzen", Ihre Bekannten sind vielleicht auch dabei

Bestandserhaltendes Planen und Bauen wären im Interesse des (unbekannten?) sparsamen Bauherrn. Seine Sparwut öffnet jedoch die Einflugschneise für planergestützte Wunder der Werbung rund um …

- Mauerwerkstrockenlegung (Sägen und Blecheintreiben, Brechen und Bohren, Spritzen und Tränken, Elektrisieren und Energetisieren), deren grundsätzliches Scheitern „flankierende" Sperrputze hoffentlich so lange kaschieren, bis die

Gewährleistung abgelaufen ist,
- Sperr-Sanierputze, die weitere Auffeuchtung, Treibsalze, Putzabschollung und Mauerkorrosion erzwingen,
- Wärmedämmen mit kondensatsaufenden Schäumen und Gespinsten ohne Energiesparwirkung,
- Raumabdichten (Blower-Door, Isolierfenster) und verkeimungsförderndes Zwangslüften gegen drohenden Schimmelbefall,
- Schädlings- und Bewohnerbekämpfung mit giftigen Chemiekeulen
- dampfdiffusionsoffene, aber kapillartrocknungsblockierende Wasserabweisung mit Durchfeuchtungsgarantie und
- „wetterfeste", aber untergrundblockierende und -zerstörende „Mineralfarbe" mit „kleinstgedruckter" Plastikbeimischung oder gleich wundergleiche Wasser-, leider immer auch Trocknungssperranstriche aus allerlei Kunstharzmischungen.

Das alles kostet sinnlos Bestand und Geld. Weniger Planung liefert so mehr Honorar und erfreut auch den Sanierberater.

Der Altbau hätte mehr Respekt verdient:

Technisch, wirtschaftlich und gestalterisch bietet er Qualität. Seine weitgehende Mitverwendung – durchaus im Widerspruch zu Neubaunorm und Zeitgeist – spart Baukosten. Obendrein bliebe so sein Zeugniswert erhalten. Nur das Ganze, der letztüberkommene Zustand mit allen schönen und hässlichen Teilen kann als Informationsträger der vollständigen Geschichte dienen.

Ein kluger Bauherr sollte also gerade bei knapper Kasse fragen:

Wie finanziere ich die Bauinvestition, wie organisiere ich den Betrieb wirtschaftlich und vor allem: welcher Baubestand ist noch kostensparend wiederverwendbar?

Mit was und wie setze ich den Altbau möglichst bestandsverträglich so instand, dass er lange hält und mich nicht vergiftet?

Stattdessen werden aber lieber rekonstruierbare Urbefunde, Wunderbaustoffkreationen und Planer gesucht, deren (berechtigter?) Auftragsmangel am meisten Honorardumping zulässt. Wegwurf statt Entwurf ist die Folge.

Nürnbergs Altstadt 1944 (Archiv des Bayerischen Landesamtes für Denkmalpflege)
Deutschlands Baumeister haben große Erfahrung bei der Rekonstruktion und Stadtsanierung mittels Abbruchkommando und zeitgeilem Neubau.

Wie steht es aber mit dem vorzugsweise in der Denkmalpflege vegetierenden Bauforscher, der die alte Hütte mit Hammer und Skalpell zerlegt?

Jüngere Bauschichten opfert er recht bedenkenlos seiner Neugier auf Altes. Die Suche nach dem „Urbefund" entartet dann als Großangriff auf den Bestand, dessen Verwüstungsspur hin und wieder sogar noch photogrammetrisch „dokumentiert" wird. Derartige Bauforschung und Bestandsaufnahme liefern zwar Wissen zur Bauhistorie, akribische Beschreibung historischer Detailformen, Bezifferung seltsamer Schadensbilder und aufwendige Dokumentation, aber meist zu wenig zur technisch praktikablen Erhaltbarkeit des Befunds. Viele Bestandsaufnahmen bleiben in der Sache zu oberflächlich und rechnen insgeheim mit der Rundumerneuerung. Erhaltungsplanung kostet nämlich viel Aufwand. Derartige Bauuntersuchungen stellen gleich die Weichen zur Planungsvereinfachung durch Reko und Totalerneuerung, niedlicherweise gekoppelt mit wun-

Thorn. Durch übertriebene „Bauarchäologie" zerstörte Originalfassade des 19. Jhs. über älteren Fragmenten

dersamer Honorarmaximierung. Publikationsgeilheit und Inventarisationssucht ersetzen dann das redliche Bemühen um die Pflege des Denkmals. Der respektvolle Umgang mit dem Bestand könnte dabei so wertvolle Hinweise zur Substanzerhaltung liefern.

Nur wer seinen Befund selbst vor Ort aufnimmt, im Detail zeichnerisch analysiert und für dessen Erhaltung mitverantwortlich ist, scheut solche „Schatzgräberei". Dann unterbleibt die kaputtierende Befundlöcherung in Baubereichen, die eigentlich ungestört in Neunutzung zu übernehmen wären.

Und was ist mit dem **„Restaurator"**, der oft ebenso schädigend beginnt, das Baudenkmal dann in seinem Zeugniswert verfälscht, dessen oft unproblematischen Alterungs- und Verfallsspuren (Patina) radikal beseitigt, Substanzzerstörung mit irreversibler Strahl-, Chemo- oder Hitzetechnik als schonende Reinigung verkauft? Da werden alle auch noch so harmlosen Fehlstellen gnadenlos ergänzt und die Bude abschließend in tödlicher Konservierungssoße ertränkt, hinter Hydrophobierung, Acrylmörtel, Wasserglas- oder Kieselsäureesterfixativen, Silikatdispersion oder Silikonharzemulsion eingesperrt – selbstverfreilicht unterstützt durch allerlei „Gutachten" im verwissenschaftlichten Stil.

Dem arglosen Bauherrn wird dabei das Geld mit begleitendem Fachkauderwelsch aus der Tasche gelockt. Nicht Wirtschaftlichkeit, Vernunft und Handwerkspraxis, sondern wer die Scharlatanerie ausreichend katzbuckelnd beherrscht, trifft dann den gewünschten Denkmalstil.

- Effloreszierende oder gar
- vorhydroxylierte Agenzien
- Naturhydraulen
- hygrisch-thermische Physikochemikalismen
- Radarwirbelchemolaser-elektronik
- Klimafeuchtetemperatur-windmesstabellen

... mysteriöse Originalbegrifflichkeiten und gediegenes Geschwafel beherrschen die Papiere. Das kocht die Birne weich und frisst die Substanz mit der Bauherrenkasse auf. Das ist bestimmt nicht „wirtschaftlich" und korrespondiert keinesfalls mit entsprechend fein-ziselierter Restaurierungspraxis zur maximalen Bestandserhaltung.

Der Restaurator Wieslaw Domaslowski beschreibt das Problem zutreffend so:[3]

„Die Verwendung von Mörteln zur Fehlstellenbehandlung und zur Injektion von Schuppen, Schalen und Rissen wurde bereits vielfach in der Fachliteratur vorgestellt und diskutiert. Jedoch entsprechen diese Materialien, die Restauratoren entweder selbst herstellen oder fertig kaufen, leider selten den konservatorischen Ansprüchen. Zwar werden die ästhetischen Anforderungen meist erfüllt, jedoch verursachen die physikomechanischen Eigenschaften der verwendeten Materialien allzu oft eine beschleunigte Zerstörung der Objekte."

Gipfel des Expertentums: Dem „Fachrestaurator" wird gleich die Bestandsaufnahme inkl. Planung übertragen.

3 W. Domaslowski: Modifizierung von mineralischen Mörteln für die Stein- und Ziegelkonservierung, in: Elisabeth Jägers (Hrsg.): Dispergiertes Weisskalkhydrat für die Restaurierung und Denkmalpflege, Altes Bindemittel – Neue Möglichkeiten, Petersberg 2000.

Seine buntkartierten Schadensplänchen vertränen den begleitenden Fachleuten die Augen und motivieren den Mitteleinsatz nach „aktuellem wissenschaftlichem Standard". In der Praxis kann danach überhaupt nicht repariert werden. Nachträge und falscher Baustoffeinsatz (gemäß professionell-wissenschaftlicher „Fachberatung" der Bauchemie – immer Gewehr bei Fuß hinter dem „Fachrestaurator") beherrschen die Szene, die papierene Weisheit wird im Aktenregal entsorgt. Ein vernünftig gewähltes Arbeitsmuster qualifizierter Handwerker unter Planerregime hätte die brauchbare Planungsgrundlage gebracht – für wenig Geld und mit nachtragsarmer Vergabe auch kompliziertester Restaurierung.

In der Denkmalpflege wollen wir einerseits das Alterungsbestreben des Bestands einfrieren. Andererseits möchten wir ihm neues Leben einhauchen – oft durch moderne Baustoffkreationen und sauberster Hinwegreinigung aller Bauwerksrunzeln. Das mag zwar gut gemeint sein, ist aber dennoch ein verlustreicher Prozess: Das Baudenkmal wird bis zur Unkenntlichkeit verändert und verliert dabei immer Teile seiner Lebens- und Leidensgeschichte.

Ohne:

- Volldeklaration bis zum letzten Alkali- und Kunststoffanteil,
- praxisnahe und ehrliche Erläuterung der Einsatzgrenzen,
- fallbezogene Produzentenberatung und
- Produzentenverantwortung

… sollte keine moderne Baustoffkomposition mehr den Weg an den Altbau, geschweige denn das Baudenkmal finden. Allzu viele Schadensfälle aus der bestandsschädigenden Verwendung moderner Baustoffe und -verfahren begründen diese fast selbstverständliche Forderung. Sie bleibt weiter unerhört.

Auch bei der „Denkmalpflege" und der „Wirtschaftlichkeit" verpflichteten Vorhaben ist der Widerspruch zwischen Sanierung und Erhaltung kaum lösbar. Die Erhaltung des ganzen Bestands in seiner Gesamtheit ist eben kein Sanierungsziel, auch nicht bei wertvollsten Baudenkmalen. Letztlich hieße das ja, alles Bauen zu verbieten, den Bauschaden zum historischen Ereignis hochzustilisieren. Wir kennen Instandsetzungskonzepte, die sogar den historischen Handwerkspfusch als erhaltenswert einstufen.

Jena, „Sanierung" des spätgotischen Roten Turms mit modernen Methoden. Unter den Betondecken liegen 4 tote Handwerker – trotz Prüfstatik.

Es geht, wie immer, um das rechte Maß.

Wenn am Altbau und Baudenkmal geforscht, geplant und letztlich saniert werden soll, vereinigen sich viele Kräfte. Dabei verliert das Original seine geschädigten und seine die Bauforschung, Rekonstruktion, Baustoffanwendung sowie die Nutzung behindernden Teile. Eine wirtschaftliche Instandsetzung muss den Bestand aber weitestgehend erhalten. Und dazu gehört grundsätzlich auch salzbelastete Bausubstanz des Nachmittelalters bis gestern.

Nicht immer gelingt es, den Altbau kostengünstig und wirtschaftlich instand zu setzen. Allzu viel wird sinnlos zerstört und erneuert, viel zu wenig Erhaltbares wird auch erhalten. Die Verantwortung dafür oder besser den Anteil – von Schuld wollen wir hier nicht reden – der verschiedenen Baubeteiligten wollen wir nachfolgend noch etwas genauer unter die Lupe nehmen. Bauen ist Risiko. Die Lösung setzt Risikobewusstsein voraus, das muss zunächst erarbeitet werden ...

2. DER VERNICHTUNGSKRIEG GEGEN DIE BAUSUBSTANZ. – URSACHEN UND VERLAUF –

*Johann Wolfgang von Goethe (*1749 † 1832),*
der bedeutendste deutsche Dichter:

Manches Herrliche der Welt ist durch Krieg und Streit zerronnen.
Wer beschützet und erhält, hat das schönste Los gewonnen.

Nicht immer kann man sparsam reparieren. Im Interessenskonflikt der Beteiligten und durch falsche Planungs- und Baumethoden kann viel erhaltenswerte Substanz verloren gehen.

Die unbeabsichtigte und kostentreibende Zerstörung von Bausubstanz hat meist tragische oder gar unsittliche Hintergründe bei den Baubeteiligten – löbliche Ausnahmen bestätigen auch hier die Regel. Zur Aufklärung des geneigten Lesers geht es nun – wo notwendig durchaus radikal und schonungslos – etwas weiter ins Detail, auch wenn einige Grundsatzprobleme schon angesprochen wurden. Die folgenden Ausführungen beruhen auf teils bitterster Erfahrung. Sie beanspruchen keine Vollständigkeit, sollen aber die Warnleuchten rechtzeitig zum Blinken bringen und so besseren Lösungen den Weg bereiten:

MANCHER BAUHERR ...

... erwirbt den Altbau unter der Wahnvorstellung, seine finanziellen Reserven, vielleicht auch die allzu optimistisch angenommenen Eigenleistungsmöglichkeiten werden schon genügen. So zahlt er im Vergleich zum tatsächlichen Sanierungsbedarf einen weit überzogenen Kaufpreis.

Die „Inspiration" der preishungrigen Verkäufer und Immohaie mit „Spezialplanern" und Gefälligkeitsgutachtern im Handgepäck, kreditmaximierende Bankberater, auftragshungrige Handwerker und Planer oder andere leichtfertige Gewährsleute übersehen wesentliche, etwas verborgenere, aber jedem Fachmann sofort offenbare Mängel und nähren so die Utopie vom günstigen Sanieren – meist zum eigenen Vorteil. Sie beuten den Nestbautrieb des Bauherren heimtückisch aus und bedienen professionell und vertrauensheischend seine Ahnungslosigkeit. „Wird schon nicht so schlimm werden, das kriegen wir schon hin" – so fangen alle Kostenexplosionen an. So spart er von Anfang an am falschen Fleck – an ehrlicher Kauf- und Sanierberatung vor dem Erwerb des Altbaus.

Erst im Verlauf des Sanierungsstarts – Rausreißen von störenden Einbauten und Freilegen mürber und morscher Teile – stellt sich heraus, dass alles wohl wesentlich teurer als erhofft werden kann. Der brave Handwerksmeister gibt sich auf einmal – das hat er ja zigtausendfach einstudiert – mehr als überrascht, tut verduzt und tönt „Oh, oh, oh, wat haben wir denn da?" Jedes Oh verdoppelt den auf derartige Ereignisse spekulierenden, einst so günstig erscheinenden Angebotspreis, der beglückenderweise in brutalster Stundenschieberei landet. Dieses Drama läuft in immer gleicher Weise auf fast allen Altbaustellen ab, mit dem immer gleichen Ergebnis.

Aber der Bauherr war ja schlau, gerät nun unter finanziell erhöhten Druck und geizt in seiner wachsenden Verzweiflung auch an weiteren Bestandsaufnahmen und Planungen. Das verhindert angemessene Rückzugsstrategien und setzt logischerweise den Grund für alle weiteren Kostenexplosionen bis zum bitteren Ende. „Saving the Penny, losing the Pound" – sagt der Brite.

Gerade bei der privaten Altbausanierung scheitern viele Bauherren durch solch unprofessionelle Projektorganisation und landen dann in unfertigen Investruinen, der Insolvenz und erschütternden Familiendramas. Bei Zwangsversteigerungen können solche Sanierleichen – wenn die Kreditbank es zulässt – wohlfeil erstanden werden, vielleicht auch ein wertvoller Tipp für Altbausucher …

… „weiß", dass Planer nichts für ihn Sinnvolles leisten. Das bisserl „Entwurf" kann es besonders im Altbau ja nicht sein, was eine budgetsichere, technisch-konstruktiv einwandfreie Lösung der Bestandsprobleme hervorbringt. Soviel versteht auch der dümmste Bauherr. Deswegen meint er (ganz zu unrecht?), er könne – wenn es denn unbedingt sein muss – doch gleich die billigste Planerlusche aus der Verwandtschaft oder dem Kegelclub nehmen. Dass eine qualifizierte Planung ihr Honorar durch Voruntersuchung, Planung und Ausschreibung zigfach hereinspielen könnte, weiß der Bauherr nicht und will es bei seiner Planersuche und -beauftragung auch nicht wissen. Die Folgen für das Bauwerk und die Bauherrenkasse sind bekannt;

… hat als Anfänger, Erbe oder öffentlicher Besitzer einer größeren Altbauimmobilie keine Erfahrung, wie er Instandsetzungsinvestitionen erfolgreich finanzieren und künftigen Betrieb kostendeckend organisieren kann. Folge: Verkaufs- und Vermarktungskonzepte gehen nicht auf, der **Big Spender** kommt nicht, das Objekt verkommt, Zeit vergeht sinnlos, der Nachbar/die Öffentlichkeit murrt – fruchtlose Investitionen werden heraus gebläut, die Endlösung taugt wieder mal nix, das einst so herrschaftliche Gebäude steht als Investruine auf dem platten Land herum, sein

Dornröschenschlaf wurde nur kurz und schmerzhaft bis zum nächsten Fehlstart unterbrochen;

... ist beim Altbauerwerb technisch und wirtschaftlich schlecht oder gar nicht beraten, übersieht verborgene Mängel, lässt sich falsche Betriebs- und Finanzmodelle aufdrehen, täuscht sich über die erforderlichen Reparatur- und Modernisierungsaufwendungen sowie die Finanzierungsquellen und versucht dann am falschen Platz zu sparen. Folge: Kostenexplosion, Investruine, sinnlose Aufwendungen, übertriebene Bestandszerstörung;

... hat Vorurteile im wirtschaftlichen Umgang mit Bestand, gibt deswegen sein Geld zerstörerisch am falschen Fleck für übertriebene Erneuerungs- und Umbauaktivitäten aus;

... hat schlechte Erfahrung durch misslungenen Unterhalt von bestehender Bausubstanz als Folge falscher Bau- und Planungsmethoden;

... glaubt „Beratungen" von Nachbarn und Argumenten (s. u.) von Handwerkern/Planern, die am sinnlosen Bestandsaustausch gegen Sanierpfusch bestens verdienen;

... traut dem modernen Baustoff mehr zu, als er leisten kann;

... lehnt Denkmalpflege und auf Substanzerhaltung zielende Argumente vorurteilsgewiss von vornherein ab;

... ist nicht bereit oder durch schädliche Förderrichtlinien verhindert, angemessene Voruntersuchung und Planung zu bezahlen. Er unterliegt dem Irrtum, dass kostengünstiges, bestands- und budgetgerechtes Bauen auch mit oberflächlicher Voruntersuchung und Planungsintensität sowie Vergabe an beschränkte Bieterkreise oder die Spezln von nebenan funktioniert;

... weiß nicht, wie man Planungs- und Bauaufträge nach qualitätssichernden Maßstäben vergeben kann und todsichere Ausschlusskriterien wie produktneutrale Ausschreibung oder erfolgreiche Verarbeitung historischer Baumaterialien strategisch einsetzt. Er ahnt ja nicht, wie listenreich Planer trotz Dumpinghonorar und Handwerker trotz Billigstangebot auf Bauherrenkosten bestens überleben und fällt damit herein – glaubt sich zunächst sogar gut bedient damit und zündet so selber die Kostenexplosion;

… versucht bei der Planerauswahl tatsächlich den kompetentesten Bewerber zu finden, den er dann aber vertraglich und durch allerlei zahlungsverweigernde Ausflüchte immer weiter unter Druck setzt und damit die notwendige Leistungsintensität blockiert. Das muss weder im Alt- noch Neubau zum besseren Ergebnis führen – auch ehrliche Arbeit bedarf angemessener Stimulanzien;

… hat zu viel Geld und möchte dafür „etwas Neues" sehen;

… kann den kostensteigernden Bestandsaustausch als miet- bzw. steuerrechtlich refinanzierungsfähige „Modernisierung" besser bewältigen;

… gibt unzureichende Fristen für die Planungs- und Bauabwicklung;

Last, but not least: Der Bauherr will auftrumpfen und wird deswegen Opfer von Baueinflüsterern, die seinen Geltungsdrang durch kostenexplodierenden Bauluxus bedienen.

MANCHER GEBÄUDEPLANER …

… weiß genau, wie man ängstliche Bauherrn fängt und dient sich deswegen als oberster Verharmloser aller Kosten zu einem äußerst günstigen Angebot an, später folgen die „ach so überraschenden" Kostenexplosionen wegen „Unvorhersehbarem" allerorten;

… weiß nicht, will oder darf nicht wissen, wie man alte und geschädigte Bausubstanz technisch zutreffend erfasst, kostentreu instandsetzt und wirtschaftlich, also öffentlich ausschreibt. Das hat er weder im Studium gelernt, noch hat er in der Praxis allzu viel Brauchbares erfahren. Deswegen setzt er auch aus berechtigter Versagens- und Haftungsangst auf firmen-, schwachverständigen- und fachplanerseitige Erledigung seiner unterlassenen Planungspflichten, wobei diese „Unterstützer" genau seine Wissenslücken nutzen, um den geradezu größten Mist – selbstverständlich und Gott sei Dank honorarerhöhend – auf Kosten des ahnungslosen Bauherren zu vermarkten;

... berät den Bauherrn wenig bis gar nicht zu den wirtschaftlichen Fragen rund um die Objektentwicklung und -vermarktung;

... vernachlässigt die lage- und objektbedingten Planungsbeschränkungen und bevorzugt eher übertriebene Eingriffe um „seiner" vom Zeitgeist abgekupferten Ästhetik willen – egal wie sich das rechnet, und ob das den späteren Bauwerksnutzern auch behagt;

... versteht es meisterhaft, aus oberflächlicher Bestandsaufnahme und Schlechtachten seiner Helfershelfer die im neuen Glanz erstrahlende Rundumerneuerung abzuleiten – auf Kosten von Bausubstanz und Bauherrenkasse;

... begreift Altbaukonstruktion, Baustofflehre und Schadensdynamik gar nicht oder nur aus gratifikationsgestützter Herstellersicht, also befürwortet er den Einsatz von schädlichen, aber teuren Sanierbaustoffen oder -methoden, mit denen er gleichwohl altbauspezifische „Therapie", sogar „Denkmal-Pflege" vorflunkert;

... kann sich im endlos verschlimmbessernden Wirrwarr der Bauvorschriften, Normen und Regelungen zugegebenermaßen niemals zurechtfinden und nimmt auch deswegen die gratifikationsgestützte Hilfe der hier Kompetenz vorspiegelnden umsatzorientierten Firmen – deren Helfershelfer klugerweise in den Normenausschüssen den Ton und die Marschrichtung vorgeben – gerne in Anspruch;

… studiert zu wenig die Schadensfälle der Baupraxis, vertraut deshalb allzu sehr den Rechenformeln „moderner" Bauphysik und den Neubau-Normen und plant größtmöglichen Sanierpfusch;

… veranlasst aus Angst und zur Verlagerung seiner Verantwortung teure und oft sinnlose „Untersuchungen" und Gutachten mit vorhersehbar baukostensteigerndem Ergebnis: Bestandsvernichtung, -vergiftung und Erneuerungsempfehlung mit brutalen, teuren und sinnlosen Methoden;

… liest aus restauratorischen Befunduntersuchungen bestenfalls eine Aufforderung zum Totalreinemachen inklusive rekonstruktivem Nachäffen früherer Bauzustände heraus – egal wie viel Substanz und Geld das auch kosten mag;

… kann mangels kommentargestütztem Einblick in die bestandsgerechten Regelungen der Honorarordnung für Architekten und Ingenieure (HOAI) wie das baukostenunabhängige Honorar für die baukostensparende Mitverwendung und den Schutz von Bausubstanz, ausreichende Zuschläge für Leistungen bei Instandsetzung, Umbau, Modernisierung und die Besonderen Leistungen der Bestandsaufnahme gegen die Neidphalanx von Förder- und Baubeamten sowie die sinnlose Sparwut der privaten Bauherren kein für die kostengünstige und -sichere Reparaturplanung auskömmliches Honorar argumentativ durchsetzen und muss deswegen auf derlei Spirenzchen „leider" zugunsten teurerer Erneuerung verzichten;

… ist den rechtsmissbräuchlichen Drohungen und Aufforderungen zu Angeboten gegen konkurrierende Honorardumper, ahnungslose Berufseinsteiger und Denkmalpflegestudenten fast hilflos ausgesetzt, da die Frage nach kostendämpfender Planungsqualität bei der Vergabeentscheidung keinerlei Rolle spielt, muss dann gegen das eigene Gewissen ebenfalls die bekannte Trickkiste bemühen oder sich leidend davontrollen;

... kriegt für substanzschonende Planung mit hohem Detailzeichnungsaufwand kein auskömmliches Honorar durch, obwohl sie zum wirtschaftlichen Bauergebnis führen würde. Er führt deswegen die Bestandsaufnahme ebenso wie die späteren Planungsschritte bau- und kostentechnisch unzureichend aus und programmiert damit das spätere Zünden der Kostenexplosion;

... kennt die Baurechts-Kommentare nicht und kann deswegen im Altbau erforderliche Vertragsregelungen und „Normausnahmen" nicht rechtssicher durchsetzen;

... kennt auch die Leistungspflichten der Fachplaner nicht, verankert deren vom Bauherrn zu liefernde erforderliche Planungsbeiträge nicht in seinem Vertrag und muss sich dann mit unzureichendstem Mist zufrieden geben, auch wenn später die Planungslücken auf eigene Kosten zu ergänzen sind;

... weiß, dass er Neuteile planerisch leichter bewältigen kann (Umsonstplanung vom Hersteller inkl. CAD-Details) als bestandsgerechte, rein handwerkliche und aus der Handskizze entwickelte Reparaturlösungen und damit extrem mehr Honorar bei extrem weniger Leistung entsteht;

... droht aus all diesen Gründen mit instandsetzungsbedingten Mehrkosten, Normen sowie Richtlinien und empfiehlt den Bestandsaustausch bzw. sinnlos teure Instandsetzungsverfahren. Das sichert die Existenz auch in schwierigsten Zeiten.

MANCHER STATIKER ...

... glaubt vorsichtshalber seinen Tabellenwerken, nach denen viele

Olympiazentrum München. Stahlbetonfassade nach 10 Jahren. Planungs- und Handwerkskunst heute.

Altbauten gar nicht stehen könnten (und flotte Neubauten trotzdem einstürzen);

... interessiert sich zu wenig für Fragen der Materialverträglichkeit und Dauerbewährung von „modernen" Baustoffen;

... vermeidet bestandsverträgliche Rechen- und Konstruktionsstrategien, die zwar aufwendiger, im baulichen Ergebnis aber erheblich preiswerter sind, jedoch das übliche Honorar (wiederum ohne die substanzerhaltenden Honorarbestandeile) mindern;

... „ertüchtigt" alte Konstruktionen mit „Angsteisen" und ohne Verständnis für historisches Bauen;

... übertreibt die Sicherheit auf Kosten von Bausubstanz und Bauherrenkasse; bevorzugt Stahlbetonkonstruktionen, Leimbinder, synthetische Kleber und überfeste hochhydraulische Zementmörtel, da er sie vermeintlich eindeutig berechnen kann – deren üble Kurz- und Langzeitfolgen interessieren nicht;

... legt jeden Bauherren und Gebäudeplaner mit seiner ehrfurchtsheischenden Zahlenmystik herein, wenn's nur viel „Sicherheit" und Honorar bringt;

... kennt jeden Trick zur Verweigerung seiner Grundleistungen (Beispiele: Beitrag Kostenermittlung gem. DIN 276 in Lph. (Leistungsphase der HOAI) 2+3 sowie VOB-gemäße Leistungsbeschreibung in Lph. 6).

MANCHER FACHPLANER FÜR HAUSTECHNIK ...

... kennt sich nur im Neubautrassieren aus, das bestandsgerechte Einfädeln neuer Leitungen liegt ihm ebenso wenig wie die Beurteilung, ob alte Anlagenteile wiederverwendbar sind und wie man Altleitungen am schonendsten aus dem Altbau rupft. Bestandsaufnahme unbekannt;

... verabscheut die rechtzeitige Überprüfung seiner auf allerdürftigsten CAD-Stricheleien beruhenden Trassenplanung im Maßstab „1:1000" und ohne Ausweisung der wahren Dimensionen der Brutalstränge auf Machbarkeit im Bauwerk, vermutet unter den Begriffen „Wandabwicklung, Trassennachweis in Grundriss und Deckenansicht, Detailplanung aller Durchbrüche 1:10 bis 1:1, geordnete Aufputzverlegung" die tote Sprache einer antiken Kultur und will so etwas bestimmt nicht können („haben wir nie gemacht und gebraucht") und auch bei sanfterem Zwang nicht bringen („das geht nur als extra sehr teuer zu vergütende Sonderleistung", will sagen: „gar nicht");

... kennt seine dem Bauherrn geschuldeten Leistungspflichten betreffend Planungsqualität im Detail nicht und begnügt sich lieber mit dem, was die Vermarktungsprogramme seiner beliebtesten Teuerst-Technikhersteller bestenfalls zustande bringen;

... schiebt dem Planer das Hick-Hack rund um die fehlgeplanten Bauwerksdurchdringungen zu, vergisst, dazu Kosten anzumelden;

... bringt luxusverliebt und unter Bedienung der planer- und bauherrenseitigen Protzgelüste oberraffinierte edelmetalldekorverglaste ferngesteuerte High-Tech in den Bau, damit lässt sich fachlich angeben und es bringt am meisten Honorar, wobei auch ihm die Hersteller die Planung und produktbegünstigende Ausschreibung frei Haus liefern;

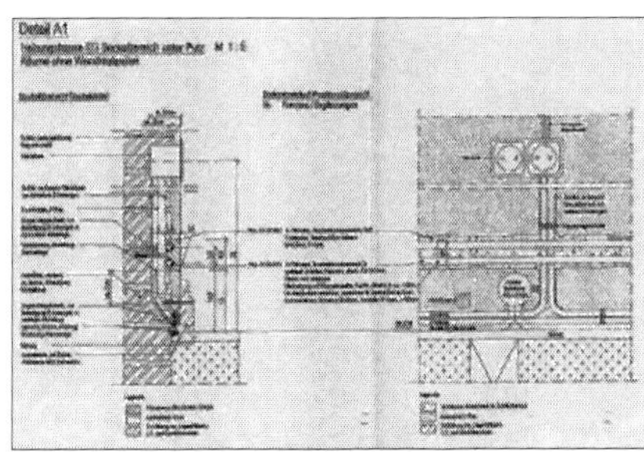

Projektbeispiel Temperierung (Verlegedetail Elektrokabel/Heizrohre: Architektur- und Ingenieurbüro Konrad Fischer)

... missbraucht das Normenwerk der Technik und jagt damit den arglosen Bauherrn in baurechtlich und konstruktiv unsinnigste Technikspielereien – egal, „wat dat kost";

... empfiehlt gnadenlos und nach wie vor überdimensionierte und schimmelfördernde Luftheiztechnik des 19. Jahrhunderts, keimbebrütende und -schleudernde Klimaanlagen und Zwangslüftung nach übertriebenen und den Altbau ebenso wie die Bauphysik und Raumhygiene benachteiligenden Bemessungsregeln. Er verabscheut bestandsgerechte Minimalheiztechnik wie die sparsame Hüllflächentemperierung und versteht wie seine Hersteller-Software rein gar nix von der Physik der Wärmestrahlung;

... fällt mit Anlauf auf den seine Sache begünstigenden Bauphysikschwindel herein: Er dichtet und dämmt über alle Maßen, heizt, lüftet und entfeuchtet möglichst aufwendigst und anlagentechnisch und nimmt die folgenden Bau- und Gesundheitsschäden billigend in Kauf;

... zerstört folglich den Altbau technikhalber maximal, Bausubstanz und Bauherrenkasse vollkommen egal.

MANCHER HANDWERKER ...

... sträubt sich, bei der Anfrage nach Reparaturleistungen die technische Bestandsaufnahme und Reparaturplanung umsonst durchzuführen, da mit seinem Text oft nach Preislöschung billigere Angebote eingeholt werden (wofür der Planer durchaus sein Ausschreibungs-Honorar erhält). Lieber liefert er unter der Hand bestandsfeindliche Leistungsverzeichnisse für Vergabeverfahren, in denen ihm wohlkalkulierte Luftnummern – später entfallende Leistungen, die er billigst, seine Konkurrenz aber dummerweise realistisch teuer bepreist – den späteren Auftrag sichern;

... hat durch industrialisierte Fertigungsmethoden keine technischen Voraussetzungen mehr, qualifizierte Reparaturleistungen zu kalkulieren, geschweige denn konstruktions- und materialgerecht durchzuführen;

... hat mangels zunftgemäßer Arbeitsethik auch keine seelischen Voraussetzungen mehr, ehrliche Handwerksleistung abzuliefern, liefert in grob fahrlässiger bis geradezu vorsätzlich krimineller Weise Pfuschmaterial und -arbeit, beschäftigt dafür vorzugsweise unterbelichtetste Mitarbeiter, denen er gleichwohl bedenken- und überwachungslos auch die für ihn neuen, komplexesten und besondere Sorgfalt heischenden Reparatur-, Anpassungs-, Abdichtungs- und sonstigen Arbeiten anvertraut (der Planer soll halt aufpassen), lässt so viele unabdingbaren Arbeitsgänge und Tauglichkeitskontrollen aus wie möglich, macht dabei im Alt- und Neubau mehr kaputt als ganz, verdeckt und vertuscht seinen Pfusch so raffiniert es geht, sträubt sich, dafür geradezustehen und weist in allen Schadensfällen dem Auftraggeber und ggf. dessen Planer die Schuld zu. Geht das ausnahmsweise mal schief, verabschiedet er sich fröhlich in die Insolvenz und macht als GmbH unter seiner Frau und neuem Namen die Pfuschbude neu auf.

... weiß, dass neue Baumethoden Folgeaufträge bringen, wenn nach der Gewährleistungsfrist z. B. die Wärmedämmschichten „abgesoffen“, die Kunstharzbeschichtungen und -fugen zersprödet und veralgt, die zementären Baustoffe zerrissen, die Stahlbetonteile korrodiert sind;

… tut sich bei der Erneuerung leichter, kann Industrieartikel gewinnbringend weiterverkaufen, verdient kurz- und langfristig mehr. Er droht deswegen mit den Scheinargumenten des Planers und empfiehlt den Bauteilaustausch.

MANCHER RESTAURATOR …

… liefert in seiner kunsthistorisch und abbildungsreich (ohne oder nur mit lachhaften Bildunterschriften) dick aufgemotzten Befunduntersuchung lieber Fassungsgeschichte mit verschwurbelter Bestandsbeschreibung als technisch verwertbare exakte Beurteilung der Bausubstanz hinsichtlich Baustoff, Erhaltungszustand, Freilegbarkeit und Mitverwendbarkeit der Fassungsschichten inkl. praktisch umsetzbarer Maßnahmenempfehlung mit Arbeitsablauf, Werkzeug- und Baustoffbeschreibung;

… spiegelt „Expertentum" vor und produziert dafür buntschraffierte Kartierungen mit 97 verschiedenen Formenkreisen des Sandelns, Blätterns und Schuppens an den unterschiedlichen Bauteilen der 23 letzten Reparatur- und Umbauphasen, die weder technisch alle zutreffen und die Ursachen der Verfallssituation richtig analysieren noch mit entsprechend 97 unterschiedlichen Maßnahmen korrespondieren, sondern dann durch die folgenden Restaurierbrutalitäten aus Abbruch, Hydraulen und Synthetik allesamt in maximal 5 Positionen aus dem Nähkästchen des Chemielieferanten untergebuttert werden und wesentliche Teile der schadensfördernden Verfallsursachen nicht einmal abstellen, sondern noch vermehren;

… liebt den nach oben offenen Regieauftrag, in dem er machen kann, was er dem Denkmalpfleger vorzuspiegeln versteht;

… entstammt einer Profession, die seit jeher den Kunst- und Bauwerken entsetzliches Leid angetan hat: auf

Einflüsterung netter Produktberater testet er immer neue Tunken und Schmieren aus der Hexenküche der modernen Alchemie an wertvollsten Objekten aus – mit vernichtendsten Ergebnissen für den Bestand;

Typisches Ergebnis einer Oberflächenfestigung nach einigen Jahren.

... liebt den nach oben offenen Regieauftrag, in dem er machen kann, was er dem Denkmalpfleger vorzuspiegeln versteht;

... entstammt einer Profession, die seit jeher den Kunst- und Bauwerken entsetzliches Leid angetan hat: auf Einflüsterung netter Produktberater oder dank spaßiger und die bescheidenere/einfallslosere Konkurrenz in die Schranken verweisenden Eigenkreationen testet und verkauft er immer neuen Plunder als zerstörerische Wundermittel der „fachgerechten Restaurierung", auch gerne alten Plunder unter neuem Etikett: Abkratz-, Laser-Zerpulverungs-, Abstrahl-, Abschab-, Abbeiz-, Absäuerungs- und sonstige zerstörerische Reinigungstechniken, vergiftete Schutztunken und -schmieren, absperrende und krustenbildende Synthetikmysterien und hydraulisch-zementär-trassige Wunder wie grausliche Entfeuchtungs-, Entsalzungs- und Saniermörtel, Plastikspachtelmassen, Verpress-, Injektions-, Verfüll-, Ergänzungs- und Antragsmörtel, Versiegelungs-, Verkleb- und Festigungssoßen aus der Hexenküche der modernen Alchemie mutet auch der amtsgestützte Restaurator wertvollsten Objekten zu – mit vernichtendsten Ergebnissen für den Bestand. Pech gehabt, heißt es dann, und alles wird unter den Teppich der Denkmalpflege gekehrt, vor allem wenn die Verantwortlichen noch leben und wirken.

So geht das böse Spiel bei jeder neuen Restaurierungskampagne von Neuem los, in immer kürzeren Intervallen. Wie beim seit jeher toxisch verpesteten Holz-, Brand- und Bautenschutz riskieren die Nachfolger der einstigen „Sanierer" heute auch bei „konservierten" Beständen der Schlösser, Kirchen und Museen Leib und Leben – von den ahnungslosen „Nutzern" der Gifthalden in Baukonstruktionen und Inventaren gar nicht zu sprechen. Wir Profis wissen das, doch alles geht fröhlich weiter wie gehabt;

... nutzt das noch größere Unwissen und die mangelnde Skepsis, Baustellen- und Belegkontrolle seiner Gegenüber, um sich als echter Fachmann zu gerieren, vorgeschriebene Baustoffe gegen minderwertige Wunderwaffen oder gleich Schnellbau-Dreck auszutauschen, mit Billigbeimischung kostensparend und betrügerisch zu „verdünnen", notwendige Vorarbeiten, Arbeitsgänge und Stoffeinsatz maximal zu reduzieren und obendrein substanzschädigende Konzepte durchzusetzen;

... liefert als preisgünstiger Wenigstnehmer – wenn er beispielsweise Oberflächentränkungen über einen Gebindenachweis abrechnen muss, auch eine Menge wenigstgefüllter Leergebinde an seine Minimalismus-Baustelle. Natürlich nur, wenn der Bauleiter grad Brotzeit macht;

... verbrämt sein entsetzliches und von Materialwahn, anstelle von Verständnis geprägtes Tun mit pseudowissenschaftlicher, teils sogar doktorierter Blähung, die beim ersten, mindestens zweiten Nadelstich platzt.

MANCHER GUTACHTER DER BAUPHYSIK/-CHEMIE ...

... vertraut auf falsche Rechenhypothesen und Regelwerke, die er teils mangels Erfahrung, teils wg. versteckter Produzentenbindung nicht hinterfragt;

... schreibt, misst und rechnet günstigere Alternativen hinweg, empfiehlt stattdessen aufwendigste, teils geradezu bösartige Systeme seiner Lieblingshersteller;

... untersucht, so viel er kann, und liefert uninterpretierbare Daten, an die er die vorgefertigte Sanierlösung (aus dem Hause der Industrie) hängt;

... wurstelt mangels Kenntnis historischer Vergütungstechnik klägliche Baustoffrezepturen aus salzreichen Hydraulen und sperrenden Synthetikharzen zusammen, womit der größtmögliche Sanierpfusch vorprogrammiert wird. Die Denkmalpflege jubelt aber dabei über gelungene „Bestandsanpassung";

... schadet der Bauwerkserhaltung, so viel er kann: Verbraucht Geld, das besser der Reparatur dienen sollte, schädigt das Bauwerk durch Probeentnahmen, liefert im Ergebnis bestandszerstörerische Sanierempfehlungen – ohne jede Haftung für irgendwas und inkl. raffinierter Ausreden (Nutzerverhalten, Wärmebrückenprobleme, Handwerkspfusch), wenn's wieder mal nicht geklappt hat.

MANCHER HOLZSCHUTZ-SACHVERSTÄNDIGE ...

... ist eher ein Holzschutzschwachverständiger und vertraut deswegen blind auf die ihm herstellerseits eingeflüsterten und baurechtlich eingeführten Chemievergiftungsvorschriften. Sein Schlechtachten empfiehlt übertriebenen Rückschnitt und Behandlung der ganzen Bude mit Kampfstoffen – nur aus Angst und mangelnder Kompetenz betreffend Lebens- und Entwicklungsbedingungen der Holzschädlinge;

… empfiehlt Vergasung oder Vergiftung, da er den raumklimatischen und auffeuchtenden Einfluss falscher Nutzung und Heizung nicht versteht;

… gibt sich falschen Hoffnungen betreffend Toxizität seiner „zugelassenen" Giftstoffe hin und mutet den Anwendern und Hausbenutzern bedenkenlos unüberschaubare Gesundheitsgefährdungen zu;

… erreicht durch seine Kampfstoffverseuchung der Holzbauteile deren Verwandlung in problematischen Sondermüll, der bei späteren Instandsetzungen erhöhte Arbeitsschutzvorkehrungen und Entsorgungskosten erzwingt;

… klärt den Bauherrn nicht ausreichend über alternative Holzschutzmöglichkeiten ohne Gift auf, da er seine Abhängigkeit von den Giftmischern und deren „Industrienormen" nicht überwinden kann ;

… gibt am liebsten jedem Schädling nach Vollskelettierung der Holzkonstruktionen einen lateinischen und deutschen Vornamen – sein eigentlicher Kompetenznachweis in den geschwollenen „Gutachten" (vgl. Karl Marx: „breitmäulige Faselhänse"), bemüht dafür extrakostende Laboruntersuchungen und Bestimmungsanalyse, wobei dieser ganze Klimbim für die folgende Standardsanierung – Rückschnitt + Vollvergiftung – total egal ist;

… kennt sich in der Typologie und Funktionalität der historischen Holzkonstruktionen und den tatsächlich zur Verfügung stehenden Reparaturtechniken ebenso wenig aus wie in der Verminderung des Befallsrisikos durch konstruktiven, anlagentechnischen (trocknungsförderndes Zusammenspiel Lüftung, Klima, Heizung) und alternativen Holzschutz und trägt deswegen maßgeblich zur unsinnigen Bauwerksvernichtung bei.

MANCHER DENKMALPFLEGER …

… ist leider auch der entscheidende Verantwortliche für den Substanzverlust am Denkmal, da ausgerechnet er „sein" Denkmal und die technisch-wirtschaftlichen Vorzüge traditioneller Baukonstruktionen nicht richtig kennt oder versteht und deswegen nicht effektiv gegen unsinniges Erneuern verteidigen kann. Er pflegt selber altbau- und bauherrenschädliche Wahnideen wie „Dämmstoff dämmt", „Doppel-Fensterscheiben sparen Energie", „aufsteigende Feuchte", „muscheliger, unschuldsweißzementärer bzw. trassiger Hydraulkalkmörtel verbessert Frostfestigkeit" usw. Deshalb versucht er sein Ansinnen, den armen Bauherren denkmalhalber zu „schädigen", voller Gewissensnot mit Aufhübschung und fetter Bezuschussung der bauphysikalischen Verschlimmbesserungen nach dem Motto „Richtig dämmen am Baudenkmal" oder „Vorsatzscheibenkonstruktion innen oder als Winterfenster oder wenigstens alles neu in Holz" oder „schon die alten Römer kannten Trass" zu entschuldigen. Es kostet also extra Denkmalsubstanz, wenn er außerhalb seiner Themenkompetenz jedem „seriös" dahertrabenden Bauphysikalismus aufsitzt;

… hat zu wenig handwerklich und kostentechnisch belegte Erfahrung und Argumentation gegen die zum Bestandsverlust führenden Scheinargumente der Industrie- oder Planerpropaganda;

… führt als selbsternannter Ästhet und Geisteswissenschaftler seine Argumentation nicht in der materialistischen Verständnisebene der sonstigen Beteiligten und kann deswegen nicht überzeugen. Seine wohlfeilen Schlagworte wie „Denkmalwert", „Geschichtlichkeit", „Materialgerechtigkeit", „Gestaltung" oder „Stil" sind aus Sicht des schlecht beratenen Bauherrn ein Muster ohne Wert;

... unterschätzt zugunsten seines vorschriftenerlassenden Amtshandeln und seiner Denkmaltheorie den substanzrettenden Einfluss einer intensiven Bestandsaufnahme und Planung, den denkmalgerechten Ansatz einer korrekt angewandten HOAI und VOB und begünstigt deswegen planerlose oder billigst- und falschplanende Konzepte;

... will seine knappen Mittel vorzugsweise in Bauforschung, Restaurierung oder Baumaßnahmen („denkmalpflegerischer Mehraufwand", den es bei geschickter Erhaltungsplanung kaum geben dürfte) stecken und hat keine brauchbare Förderstrategie für substanzbewahrende Reparaturplanung;

... unterstützt hin und wieder Auftragsheischer aus der Planer-, Bauforscher- und Restauratorenszene – teils aus Mitleid mit tragischen Einzelkämpfern, teils wg. Ausnutzung der Unterangebote bedürftiger Flaschen, teils wg. anderweitiger Gefälligkeiten – ohne damit mehr denkmalpflegerische Qualität zu erhalten;

... empfiehlt im krassen Widerspruch zu allen scheinheiligen Beschwörungen und Qualitätsforderungen der Sonntagsreden und dem hochglanzgedruckten Denkmalpflegegelaber dem Bauherrn Billigst-, Gratis-, Studenten- und Anfängerleistung für Bestandsaufnahme, Planung und Ausführung, die später in Pfusch und Kostenexplosion führen muss – aus Motiven, die sich jeder selbst beantworten kann und muss;

... ist froh, wenn er durch Einsatz von Zuschuss und baurechtlichen Drohungen wenigstens historisierende Bauteile im runderneuerten Denkmal erzwingt, auch wenn er damit indirekt die Vernichtung von Bausubstanz fördert; dafür nimmt er die Bestandsgefährdung durch den Einsatz modern dichter/fester Konstruktionen hin (an die er ja selber glaubt);

… bildet mit dem Planer einen subventionsabhängigen Denkmalverschönerungsverein: er unterstützt die reparaturtechnisch unbedarften Planungsästheten bei „zeitgemäßen" Modernismen und Bauhausmumien aus Beton + Stahl + Glas, wenn sie seinem ambitiösen Rekonstruktionsversuch am Zustand von Anno Einundleipzig nicht in die Quere kommen;

… akzeptiert bestandszerstörende Planung recht gleichgültig, wenn sie nur vordergründig honorarsparend erscheint oder auf undurchsichtig fetten „Gutachtereien" beruht.

Kommt es durch seinen verstärkten Druck dennoch zur Reparatur des Bestands, gibt es regelmäßig unsinnig teure Maßnahmen, da…

… „Bauforscher" und Studenten die Bestandsaufnahme als „Inventardoku", unangefochten von den Belangen der Planung und Ausschreibung, durchführen;

… baugeschichtliche Erkenntnisse trotz unaufklärbarer Lücken nicht nur in perfektionistisch oder denkmalmystisch angekrankten Hirnen den Wunsch nach analogistischer Rekonstruktion erzeugen, sondern oft deren Vollzug. Auch wenn das unendlich billigst wiederverwendbare Bausubstanz leider unerwünschter Epochen kostet, die dann obendrein teuer rausgebrochen werden muss;

… untaugliche, weil nicht in die nötige Tiefe gehende Planungsmethoden zur freien, bestenfalls beschränkten Vergabe mit zu hohen, abgesprochenen oder unvergleichbaren Angebotspreisen in engen Spezlkreisen führen. So soll das fehlende Planungsdetail durch Produzenten- und Handwerksschlaumeierei ersetzt werden. Ein schauerlich vergebliches Bemühen und trotzdem Alltag, leider auch auf vielen Denkmalbaustellen der Bauämter und deren skurrilen Nachfolgeunternehmen;

… schlechte Bestandsaufnahme ebensolche Ausführungsplanung mit lückenhafter Leistungsbeschreibung und zu vielen teuren Nachträgen erzeugt, die der Planer notgedrungen unterstützt, da der Auftragnehmer sonst verschärft den Planungsmängeln nachgeht;

… handwerkliche Grundsätze nicht angewendet werden, da der Unterschied zwischen dauerhafter Reparaturtechnik und modern-genormtem Pfusch ohne Langzeiteignung nicht bekannt ist;

… Planer in der Leistungsbeschreibung keine ausreichend denkmalverträgliche Qualität vorgeben und Bauherrn in der Vergabeentscheidung notgedrungen auf die raffiniert getürkten Preise hereinfallen müssen;

… Bauleiter in der Bauabwicklung die Betrugsmöglichkeiten der sittenlosen Handwerkerschaft im Qualitätsbereich mangels detaillierter Planungsunterlagen, exakter Leistungsbeschreibung und eigener Kenntnisse nicht verhindern können.

MANCHE FÖRDERINSTITUTION …

… erlässt planungs- und denkmalfeindliche Förderrichtlinien, die das förderfähige und damit auch das vom zuschussabhängigen Bauherrn finanzierbare Planungshonorar drastisch mindern und so die Planerkorruption und kostenexplosive Substanzvernichtung fördern;

… verstößt mit ihren Pauschalen für Planungskosten gegen den Glei chbehandlungsgrundsatz. Größere Projekte kommen deswegen besser weg als kleine. „Normale“ Denkmalvorhaben im Bürger- und Bauernhausbereich werden damit krass benachteiligt und schlechterer Planung geopfert.

… empfiehlt wie mancher Denkmalpfleger (oft in Personalunion) dem subventionsabhängigen Bauherren unter der Hand „bewährte" Honorardumper. Das erzwingt den wirtschaftlichen, aber auch den denkmalpflegerischen Misserfolg des Projekts;

... kann als Städtebauförderung ihre Herkunft aus der Flächensanierung deutscher Altstädte durch Abriss nicht verleugnen. Sie bevorzugt den Abbruch mittelalterlicher Hofbebauung, die Natursteinpflasterung und eine Beleuchtungsaufhübschung nebenbei verrottender Altstadtquartiere.

Vielleicht lösen diese bewusst zugespitzten und ungeschminkten Problembeschreibungen in Betroffenenkreisen auch etwas Empörung aus. Um der Sache willen – es geht um kostengünstige Altbausanierung, um Qualität am Bau, um sachgerechten Einsatz von Steuermitteln, sogar um bessere Bestandserhaltung und Denkmalpflege – muss das wohl hingenommen werden. Altbaureparatur, Denkmalpflege und Denkmalschutz ginge natürlich auch anders.

Davon soll nachfolgend berichtet werden.

3. PLANUNGSINSTRUMENTE UND -METHODEN FÜR DIE KOSTENGÜNSTIGE ALTBAUINSTANDSETZUNG

Ein Planer ist im Altbau nicht nur für die schöne Gestaltung zuständig. Er berät den Bauherrn auch in den verschiedenen Phasen der...

- Kaufentscheidung,
- Entwicklung und Steuerung der Projektfinanzierung,
- Prüf- und Bewilligungsverfahren im Bau- und Förderrecht,
- Bestandsuntersuchung und -dokumentation,
- Bauvorbereitung und der
- Organisation des Bauablaufs.

Im Architektur- und Ingenieurstudium war und ist davon wenig bis nichts, im Denkmal-Aufbaustudium meist nur allzu Theorielastiges oder Idealisierendes zu hören. Das technische, wirtschaftliche und rechtliche Know-how muss also der Büroalltag liefern. Die Zusammenarbeit mit neubauorientierten externen Planern und geizgeilen Projektsteuerern kann sich da recht schwierig gestalten. Die Kompetenzverteilung muss scharf geklärt werden und dem Bauherren und seinem Altbau uneingeschränkt dienen. Ein reibungsloseres Modell ist die Generalplanung des erfahrenen Altbauarchitekten mit eigenen Fachplanungsabteilungen (Statik, Haustechnik).

Bei der Planung und Durchführung der meisten Altbauprojekte vom Stadel bis zur Burganlage steht an erster Stelle das Kostenproblem. Erst nachrangig geht es den meisten privaten und öffentlichen Bauherren um Entwurf, Konstruktion und Denkmalschutz. Wir wollen hier deswegen von einer Bausanierung mit knappstem Budget ausgehen, die der Bauherr – obwohl von Anfang an dem kostensparenden Planen und Bauen verpflichtet – ohne weiteren Finanzierungszufluss aus Kredit und/oder Fördermitteln nicht stemmen kann.

Wie sehen dafür die geeigneten Planungsinstrumente und -methoden aus?

A) PLANUNGS- UND PROJEKTFINANZIERUNG, PROJEKTENTWICKLUNG

B) BAUVORBEREITUNG

C) FUNKTIONS-, ENTWURFS-, AUSFÜHRUNGS- UND KOSTENPLANUNG

D) KONSTRUKTIONSPLANUNG

A) PLANUNGS- UND PROJEKTFINANZIERUNG, PROJEKTENTWICKLUNG

Schon der erste Schritt der subventionsabhängigen Sanierung stößt an eine entscheidende Hürde:

Wie ist die Planung zu finanzieren?

Natürlich gibt es den bevorzugten Weg einer preisgünstigen, aber mangelhaften Vorplanung, manchmal sogar umsonst als Vorleistung des Planers. Doch oberflächliches Planen verteuert das Bauen – eine Binsenweisheit zwar, die aber den

Zeitungen täglich Schlagzeilen liefert und so auch die Denkmalpflege in reichlich Misskredit bringt.

Die Alternative: **Stufenweise Projektentwicklung**

Oft sind gerade öffentliche Besitzer ohne brauchbare Perspektiven für den Erhalt der überkommenen, öffentlich niedergewirtschafteten und nun nicht mehr genutzten Bausubstanz. Viele Herrenhäuser, Burgen, Schlösser, aber auch Stadel, Kästen, Domänen, säkularisierte Sakralbauten, aufgelassene Klöster usw. erleiden hier eine Zukunftslosigkeit, die sinn- und ergebnislos nach dem privaten Investor bei gleichzeitiger Beibehaltung öffentlicher Ansprüche schreit. Oder nach der Abrissbirne. Hat der künftige Bauherr eine klare Vorstellung von einer stufenweise Projektentwicklung, untersetzt er diese mit einer entsprechend zielgenauen Vertragsstrategie.

Eine Strategie ist auch im Fall des Hauserwerbs oft dringend notwendig. Welche Verkaufstricks bei professionellen Immohaien, verstrittenen Erbengemeinschaften und bauernschlauen Privatverkäufern durchaus gängig sind, spottet ja jeder Beschreibung: Verheimlichte Mängel, erfundene weitere Interessenten, raffinierte Gefälligkeitsgutachten zur übertriebenen Verkaufspreisermittlung, Fehlbewertung der Bausubstanz und des Sanierbedarfs, falsche Baualtersdaten, verschwiegene nachbarschaftliche Beeinträchtigungen, fäkalsalzaustreibende Haus- oder Nutztierhaltung, giftige oder nutzlose Altsanierungen gegen Schimmel, Feuchte, Schadsalz und Holzschädlinge sowie frühere Schadensereignisse von der Kellerüberflutung über Leitungshavarien bis zu langjährigen Dachleckagen, wiederkehrende Hochwassergefahren, der Möglichkeiten sind viele.

Gleichwohl – und das zeigt auch die Erfahrung – kann die hier beschriebene Vorgehensweise einmal die Käuferseite zu festerem Verhandeln ermutigen und vor existenz- und familienzerrüttenden Investitionsentscheidungen schützen. Zum anderen ist es auch schon vorgekommen, dass eine so entstehende und ausreichend fachlich untersetzte Begutachtung – in Papierform dem Verkäufer nett überreicht – seine Bereitschaft zu Nachlässen erheblich steigert.

Die zunächst notwendigen Leistungen der Bestandsaufnahme, Planungskonzeption und Finanzierungsberatung haben zwar nur vorläufigen Charakter, sind dafür aber meistens sehr preisgünstig und deswegen noch leicht finanzierbar. Fallweise auch mit Unterstützung der Denkmalpflege (die damit späteren Baukostenexplosionen vorbeugt und Einfluss auf kosten- und substanzsparende Konzepte gewinnt) und/oder weiterer Finanzinstitutionen (die damit z. B. Vermarktungshilfe für notleidende Objekte leisten).

Für ein Einfamilienhaus kann die für eine Kaufentscheidung und Sanierungskonzeption notwendige Beurteilung alter Bauunterlagen und der Bausubstanz bei einer Besichtigung in wenigen Stunden schon fertig sein. Ein größeres Gebäude mit untergeordneten Nebengebäuden braucht etwas mehr Erfassungsaufwand, kann aber meist ebenfalls in Tagesfrist bearbeitet werden.

Geht es um mehrere Gebäude einer größeren Anlage (Kloster, Burg, Schloss) ist mit etwa drei bis sechs Stunden Planungsaufwand je Gebäude zu rechnen. Hinzu kommen noch einige Stunden für die schriftliche Dokumentation der Zustandsbeurteilung und die Reisekosten je nach Fallgestaltung.

Der für eine sinnvolle Kaufberatung angemessene Leistungsumfang kann erfahrungsgemäß in ca. 15 bis 20 Stunden komplett abgeschlossen sein. Der Auftraggeber hat dafür zwar keine respekteinflößend aufgemachte und mit allerlei undurchsichtigen Rechenkunstwerken aufgemopste „Hochglanzstudie", aber ein zehn- bis zwanzigseitiges Kurzgutachten, eine digitale Fotodokumentation und alle für die Vorbewertung sinnvollen Berechnungen in der Hand. Wie geht das im Einzelnen vor sich?

BAUWERKSBEURTEILUNG, FOTODOKU UND KLEINE NUTZUNGSSTUDIE

Zunächst wird das Gebäude bei einer Begehung mit begleitender Fotodoku meist ohne Bauwerkseingriffe hinsichtlich der Konstruktionsmerkmale sowie offenbarer und verdeckter Substanzschäden überschlägig beurteilt. Wenn bei größeren Anlagen und Mischnutzungen für die Entscheidungsfindung eine vorläufige Wirtschaftlichkeitsberechnung notwendig erscheint, wird zur Wertermittlung der Flächen und Erträge mit denkbar geringem Aufwand eine Nutzungsstudie angefertigt. Als Planungsgrundlage dafür genügen aktualisierte Bestandsgrundrisse im sparsam kleinen Maßstab. Auch eine grobe Bestandsskizze – im Notfall nur aus dem 1000er Lageplan abgeleitet, kann manchmal schon ausreichen.

Im Einfamilienhausbereich oder anderen ertragstechnisch einheitlichen Flächennutzungen kann selbst diese kleine Nutzungsstudie als Planversion entfallen und kostensparend nur „im Kopf" stattfinden. Liegen gar keine Pläne vor, genügen vielleicht sogar nur Fotos und eine grobe Mengen- und Flächenberechnung, wenn die baukostenrelevanten Daten für eine Überschlagsberechnung daraus einigermaßen hervorgehen.

Die Nutzung selbst muss sich an den Bauherrenbedürfnissen, bei Fremdnutzung an den Marktchancen bzw. der vorhandenen Investitionsstruktur orientieren. Was nützt die bunteste Nutzungsstudie mit quadratmillimetergenauem Nachweis für

Gewerbe-, Sozial-, Kultur- und Freizeitnutzung, wenn kein glaubhaftes und vorher abgestimmtes Betriebs- und Finanzierungsmodell dahinter steht? Nicht immer ist die Totalvergewerbisierung der Rettungsring – es kann vielleicht auch erfolgreiche Kultur geben.

Und was die Finanzierung der Nutzungswünsche betrifft: Hier sind vom Planer Markt- und Marketingkenntnisse, Fingerspitzengefühl, belastbare Netzwerke in Finanzierungs- und Förderinstitutionen und an konkreter Machbarkeit orientierte Phantasie gefragt. GmbH & Co. KG, eG, AGiG, Bürgerbeteiligung, Immofonds, PPPartnership oder VCM nur richtig zu buchstabieren, ist dafür nicht genug. Es kommt darauf an, betriebswirtschaftliche Konzepte und geeignete Finanzierungswege in der Projektentwicklung objektgerecht einzusetzen. Sogar für Kultureinrichtungen. Auch eine steuerrechtliche Beurteilung des Vorhabens – am besten durch die Beteiligung eines kompetenten Steuerberaters – sollte am Anfang der Erwerbs- oder Planungsentscheidungen vorgenommen werden.

In dieser frühen Phase kommt es wesentlich auf die Beraterqualität des Planers hinsichtlich der Projektentwicklung an. Das spart dem Bauherren oder Erwerbsinteressenten übertriebenen Planungsaufwand und ebenso dramatische Fehleinschätzung der künftigen Kosten und Nutzungserträge. Die rechtzeitige Beurteilung und Beratung aus wirtschaftlicher und nutzungstechnischer Sicht bietet dem Bauherrn auch entscheidende Vorteile: hinsichtlich der Inanspruchnahme von Fördermitteln, Aufbau einer passablen Finanzierungsmixtur und der späteren Objektverwertung.

Natürlich auch bei der Beurteilung,

- ob sich ein Erwerb oder Umbau des liebenswürdigen

Altbaus überhaupt „rechnet“,

- ob geforderte Erwerbskosten günstig, angemessen oder geradezu unverschämt sind,
- welche Finanzierungs- und Betriebsmodelle denn **realistisch** greifen könnten,
- wie die seitens des Bauherren vorgesehenen, vom Planer auf Machbarkeit geprüften und möglicherweise objektgerecht und bestandsverträglich ergänzten Nutzungsarten im Bauwerk Platz finden,
- ob der geplante Museumsgag ausreichend zahlende Kunden bringt oder
- ob ein „privater Investor“ überhaupt so blöd sein kann, gutes Geld in einen schlechten Standort zu stecken?

GROBKOSTENSCHÄTZUNG

Mit den Flächen der Nutzungsarten, bei kleineren oder übersichtlichen Projekten auch nach einzelnen Bauteilen, werden dann mit angemessenen Baupreisen aus Erfahrungswerten und Baupreissammlungen die voraussichtlichen Gesamtkosten in einer Grobkostenschätzung überschlägig errechnet. Auf die baulichen Details kommt es dabei noch nicht an. Wichtig ist nur, keine grundsätzlich sinnlosen und unwirtschaftlichen Maßnahmen mit einzurechnen, wie sie gerade beim Sanierpfusch und falschem Energiesparbemühen Legion sind. Das funktioniert mit ausreichender Genauigkeit auch für die kaputtesten und unübersichtlichsten Ruinen. Erfahrung mit vergleichbaren Projektergebnissen natürlich vorausgesetzt.

DIE WIRTSCHAFTLICHKEITSBERECHNUNG, ERTRAGSPROGNOSE UND KOSTEN-NUTZEN-ANALYSE

Eine vorläufige Wirtschaftlichkeitsberechnung und Ertragsprognose mit zurückhaltenden ortsüblichen Miet- und Pachtansätzen oder die Berechnung einer Mietersparnis zur Gegenfinanzierung der Erwerbs- und Baukosten sollte diesen Abschnitt der Projektentwicklung als Kosten-Nutzen-Analyse dann abschließen.

Stellt man nämlich die geschätzte Bauinvestition den möglichen Miet-/Pachterträgen oder Mietersparnissen gegenüber, ergeben sich bei entsprechender Unterdeckung auch die notwendigen Ertragsansätze, deren Kreditbeleihung die Kosten vollständig gegenfinanzieren würden. Schon viele potentielle Hauserwerber sind nach dieser Bilanzierung ordentlich zusammengefahren. Man könnte sich bei einer für die Finanzierung notwendigen Quadratmetermiete von 20 EUR aufwärts anstelle des zunächst so nett erscheinenden Rumpelhäuschenkaufs ja auch eine fürnehme Villa in bester Stadtparklage anmieten. Und damit auf den Sanierstress ganz verzichten, Zeit und Geld für den Modelleisenbahnkeller, die Lebenspartnerschaft und die lieben Kinderlein übrig haben – ganz ohne dabei in den nächsten 50 Jahren auf Urlaub, Reisen, Zugehfrau, Friseurbesuch, sündteure Rotweinspezialitäten, Zellulitecremes, Zahnersatz und chirurgische Runzelstraffung, Fasenacht, Schützenkönigstum und Lionsspende ganz verzichten zu müssen.

Oder ein günstigeres Objekt suchen, wenn der Hausverkäufer trotz solch schlagender Argumente dennoch keine passablen Zugeständnisse machen will.

Etwas anderes gilt freilich, wenn es um reine Liebhaberei oder Geldanlage geht, der Käufer also mit Eigenkapital oder monatlichen Finanzzuflüssen dicke gepolstert ist und sein überflüssiges Geld in einer netten Immobilie über die Zeiten retten will. Dann kann freilich ohne weiteres ein Kaufsümmchen, das weit mehr als das zwölffache des Jahresertrags aus der Immobilie beträgt, sozusagen aus der Portokasse hingeblättert werden. Dann darf es durchaus auch eine sanierungsbedürftige Schlossanlage zwischen Köln und Düsseldorf sein ...

Beispiel Neuenburg. Nutzungsentwurf und Reparaturplanung im Einklang mit der Wirtschaftlichkeitsberechnung

BAURECHTLICHE UND FINANZIERUNGSTECHNISCHE VORVERHANDLUNG

Als nächsten Schritt kann der Erwerbswillige oder Bauherr mit den bisher erstellten Planungsgrundlagen die wesentlichen Fragen der Projektentwicklung mit den Genehmigungsbehörden sowie den möglichen Förderinstitutionen und den Kreditgebern verhandeln. Ein gegebenenfalls Gott sei Dank schon bei der vorläufigen Wirtschaftlichkeitsberechnung entdecktes Finanzierungsloch kann nun besser kommuniziert und „beherrscht" werden. Förderbegehren sind jetzt besser zu begründen, ebenso Nachlassverhandlungen mit allzu erwartungsfrohen Verkäufern. Auch die Bemessung ersatzweiser Eigenleistung im Do-It-Yourself-System oder Nachbarschafts-, Verwandtschafts- und Vereinskameradschaftshilfe bis zur Expertenleistung durch geringstnehmende Kleinstunternehmen aus dem Ural oder Hindukusch und das oft notwendige Aufteilen in zeitlich und finanziell mehr oder weniger gestreckte Bauabschnitte wird nun besser gelingen.

Allein das Zahlenwerk dieser Projektstufe garantiert freilich keine zuverlässige Finanzierung und kann die spätere Detailplanung keinesfalls ersetzen. Die Kosten müssen später auf genaueren Planungsdaten noch wesentlich genauer berechnet werden. Für den Grobrahmen der Investitionsplanung und Finanzierung der Bauvorbereitung (mit Bestandsaufnahme und kostenmäßig detaillierter Gewerkplanung) dürfte es aber ausreichen.

So entsteht eine hinreichend verlässliche Grundlage für die spätere Kosten- und Bauablaufssteuerung, für die Bewilligung und Genehmigung der Förder- und Verwaltungsverfahren. Mit dieser Vorplanung können für Denkmalvorhaben und für spektakulärere Projekte neben öffentlichen Förderinstanzen und Stiftungen auch Sponsoren oder Investoren aus der Wirtschaft gewonnen werden.

Und selbst wenn das Projekt wegen eines niemals stopfbaren Finanzierungsloches abgebrochen werden muss, eine allzu blauäugige Kaufabsicht und bedrohliche Fehlinvestition aufgegeben – das ist immer noch wesentlich besser als ein Reinfall bei der wohl größten Geldausgabe im Leben – mit wesentlich schlimmeren Folgen als ein paar „vergeblich" ausgegebene Kröten für solch eine Vorplanung. Man kann sein Geld ja auch weiter zusammenhalten, dem Hausbesitzer seine Sorgen selbst überlassen und sich als Mieter – wie schon beschrieben – einen höheren und entspannteren Lebensstandard leisten.

Doch nun wollen wir die einzelnen Planungsschritte für eine erfolgreiche Instandsetzung etwas näher beleuchten.

B) BAUVORBEREITUNG

Aus Versäumnissen der Bestandsaufnahme – die zeichnerische und technische Erfassung und Bewertung der Bausubstanz – entstehen die meisten Konflikte der Altbausanierung. Die in der Baudenkmalpflege durchaus üblichen Dokumentationsmethoden für den Bestand liefern nicht gerade selten unübersichtliche Datenmengen und verlogene, für eine sichere Ausführungsplanung ungeeignete Pläne (additives Aufmaß bzw. Studentenniveau, überzogene Kartierung von allerlei Zuständen). Ihre Erstellung ist wie ihr Ergebnis unwirtschaftlich. Problematisch ist auch die ungeprüfte Übernahme von extern, vielleicht sogar von praxisfremden Aufmessern erstellten Bestandsplänen sowie totale Fehlbewertungen des Bauzustands und der dafür angemessenen Instandsetzungstechnologien.

Ergebnis: Unsaubere Bauvorbereitung, Informationsverluste, Planungsmängel bis zum totalen Sanierpfusch, Bauablauf- und Terminverzögerungen, Kostennachträge durch den damit provozierten Nachplanungsbedarf während des Baus und viel zu früh einsetzender erneuter Sanierbedarf.

Nun braucht nicht jedes Badrausweißeln eine dolle und umfangreiche zeichnerische und technische Bestandsaufnahme, das ist selbstverständlich. Hier genügt es, den Untergrund und die raumklimatischen Verhältnisse richtig zu bewerten und dafür die Materialwahl und den Arbeitsablauf zutreffend auszuwählen. Klingt eigentlich nicht besonders schwierig, birgt aber dennoch schon Probleme, die sich beispielsweise an Schimmel- und Stockflecken im ganzen Land belegen lassen. Ob es nun ein, zwei oder viele Gewerke sind, die von einer Instandsetzungsmaßnahme betroffen sind, ob die erforderlichen Leistungen marginal oder umfangreich sein mögen, ob es hinsichtlich Substanz und Planungsziel besondere Schwierigkeiten oder null Problemo gibt – genau davon hängt auch ab, wie umfangreich und wie detailliert die Bestandsaufnahme sein muss. Sie ist also keinesfalls eine manchmal zu vernachlässigende Größe im Projektablauf, sondern die zentrale Grundlage, aus der sich alles weitere ableitet. Auch wenn sie im Einzelfall in Sekundenschnelle erledigt werden mag und schon eine kleine Handskizze oder ein Klopfen am Putz überzogener Aufwand sein mag.

Hier wollen wir die Bestandsaufnahme vorwiegend im Zusammenhang mit einer kompletten Gebäudesanierung verstehen und auf das dazu Wissenswerte eingehen. Die einzelnen Hinweise lassen sich freilich auch auf sogenannte einfache Fälle runterbrechen.

VOM BAUAUFMASS ZUM BESTANDSPLAN

Viele Aufmaßmethoden liefern für den tatsächlichen Bedarf der Werkplanung und Ausschreibung zu detailreiche oder zu dürftige Planungsgrundlagen. Bei verformten, vielfach umgebauten bzw. nicht rechtwinklig errichteten Altbauten mit erheblichem Baubedarf genügen die „üblichen“ Hundertstelpläne bestenfalls für den Entwurf. Die für eine kostensichere Werkplanung unabdingbare detaillierte Lösung der technischen Probleme benötigt dann ein Aufmaß im Werkplanungsmaßstab – zumindest unter Leitung des zuständigen Planers. Dies kann sich im Einzelfall auch auf die notwendigen Baudetails beschränken, die im größeren Maßstab gelöst werden müssen.

Der Bestandsplan wird dann in seinen wesentlichen Teilen vollständig im Gebäude selbst erstellt, ohne Maßbetrug bei der Umsetzung von Messskizzen in einen Büroplan. Dies geschieht fallbezogen im Handaufmaß oder mit digitaler, nach Bedarf händisch ergänzter Erfassungstechnik. Solche Pläne sind dann später auch in CAD weiterverarbeitbar. Im Handaufmaß können auch alle Beobachtungen zu kritischen Punkten, Bauschäden und baugeschichtlichen Zusammenhängen erfasst werden – Vorteil zu den am Markt angebotenen technisierten Aufmaßverfahren, die diese Informationen nicht gleichwertig liefern können. Manchmal genügen aber auch kleinmaßstäbliche und einfachere Zeichnungen.

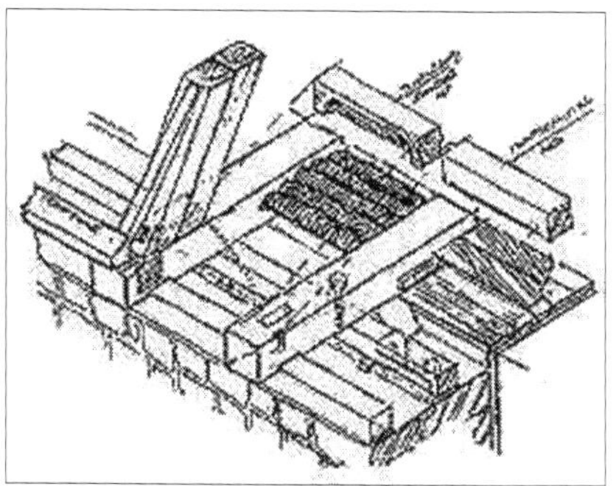

Neuenburg-Küchenmeisterei: Isometrische Bestandsaufnahme, Dachfuß durch planenden und bauleitenden Ingenieur

Alles hängt von den Ansprüchen der folgenden Werkplanung ab.

Übertriebener Aufwand am falschen Fleck und sinnlose Genauigkeit (Reklame der technisierten Aufmaßverfahren) bringt der Baumaßnahme gar nichts. Manchmal mag nur eine Nachverdichtung von digitalen Rohplänen oder umgezeichneten alten Bestandsplänen im Objekt sinnvoll und ausreichend sein, um darauf eine kostensichere Bauplanung aufzubauen. Dabei ist die Übernahme alter oder „fremder“ Planungsgrundlagen (ihre haftungsrechtlich bedeutsame Prüfung ist „besondere“ Planungsleistung) meistens nur „2. Wahl“. Nichts geht über den Bestandsplaneintrag eines auch bauleitenden Ingenieurs, der später den Datenbestand in die Planung und Bauabwicklung umsetzen muss.

Und damit ist das wesentliche Kriterium für die Bestandsplanerstellung nochmals genannt – die Tauglichkeit für die folgende Planung. Wenn sie kostensicher, technisch und gestalterisch einwandfrei erfolgen soll, setzt das eben die entsprechenden Planungsgrundlagen voraus. Wenn Planer am Werkeln sind, für die derartige Kriterien jedoch nicht zum kleinen Einmaleins gehören, entsteht natürlich gar keine derartige Forderung. Luschenplanung kann nämlich auch damit punkten, geringe Kosten für die Bestandsaufnahme einzufordern und/oder das Geld lieber in erneuerungs- und verteuerungsfördernde Schlechtachten stecken. Was will der geizige Bauherr denn auch machen, wenn er in eine solch heimtückische Geizfalle getappt ist? Dafür muss er eben später bluten.

Ein Sonderfall der Denkmalpflege sind die **Baualters- oder Bauphasenpläne**. Sie entstehen durch ein Zusammenspiel der bauforscherischen Plananalyse, einer Bauteildatierung nach stilistischen, stratigrafischen („Befundtreppen“ durch geordnete Freilegung von Mal- und Putzschichten sowie Wand-, Decken und Bodenaufbauten, siehe unten „Befunduntersuchung“)

und anderen Methoden wie z. B. die Ermittlung der Fälldaten für die verwendeten Bauhölzer mit den Möglichkeiten der sogenannten Dendrochronologie. Diese Sonderpläne und ihre Begleitleistungen sollten – wenn von der Denkmalpflege gefordert – auch von dieser finanziert werden.

Das gilt auch für weitere **Spezialpläne**, die hier denkbar sind. Es nützt einer kostengünstigen Instandsetzung im Sinne des Bauherren nämlich oft nur wenig, allerlei Phänomene vom Salzpustelrasen über diverse Mörtel und Steinformate, Umbau- und Restaurierungsphasen bis zum Gipskrusten- und Natursteingebröckel an der Fassade in aufwendigsten Plandokumenten hochgradig exakt einzufärbeln. Die spätere Sanierung kann darauf nach allen Erfahrungen nur sehr bedingt zurückgreifen und wird vielmehr von den Erkenntnissen während der Ausführung selbst – wenn das Werkzeug an der mürben Substanz ansetzt – entschieden. Ein rechtzeitig an der geschädigten Fläche vorgeschaltetes Arbeitsmuster ist für die Kostenkalkulation und Ausschreibung viel zweckdienlicher. Wir kommen darauf noch zurück.

DIE TECHNISCHE ERFASSUNG UND BEWERTUNG DER BAUSUBSTANZ

Was ist das?

Bei der technischen Bestandsaufnahme stellt sich das Problem schon bei der Benennung der vorgefundenen Bauteile. Wer weiß schon, wie all die wunderlichen Konstruktionselemente aus vorsintflutlichen und Vornormzeiten heißen und zu welchem technischen oder „nur“ gestalterischem Zwecke sie einst dienten?

Was ist ein echter Schaden?

Ebenso unklar bleibt oft die Bewertung des technischen Zustands der Substanz. Hier nochmals einige Beispiele zur Klärung, was damit gemeint sein kann:

- Ist eine geschädigte Oberfläche inklusive Taubenkot und Mückenschiss noch historische Patina oder schon substanzgefährdend trocknungsblockierende Kruste?
- Ist ein krummer Balken oder ein Gewölberisslein und etwas bröckelnder Putz nur Ausdruck früherer Überlastung durch vergangene Speichernutzung, Folge eines späteren Kamineinbaues, der schon wieder abgebrochen wurde oder ein klarer Hinweis auf akut standsicherheitsgefährdende Überlastung?
- Deutet eine salzüberlastete Putzfläche auf angeblich aufsteigende Feuchte oder spritzte dort nur jahrelang Straßenkot, Nachttopfleerung, die Hausziege oder eine verstopfte Dachrinne an die Wand?
- Ist die abgewitterte Nase der Sandsteinfigur auf der Giebelspitze und der Steinverlust an der Gesimskante oder der Kreuzblumenkrabbe tatsächlich ein echtes Problem für die Bausubstanz in technischer und den meist achtlos weit unten vorbeieilenden Fußgänger in gestalterischer Hinsicht oder „nicht der Rede wert" und demzufolge ohne Sanierbedarf?
- Wollen die Risse vor fürchterlichen Fundamentunterspülungen und zunehmenden Gewölbeschüben warnen oder sind sie nur die unausbleibliche Folge herumschiebender Betondecken aus früheren Umbauphasen oder überharten und wassereinsperrenden Zementputzen, Hydraulfugmörteln und Wasserglasanstrichen auf so

was nur bedingt aushaltenden Altuntergründen?

- Müssen hohlstehende Krusten auf Natursteinen oder aus schon vor 100 Jahren fehlgeschlagener zementärer Fugenerneuerung weggeklopft und mit teuersten Vierungen oder wieder Zementmörtel (jetzt aber als „diffusionsoffener Restauriermörtel“ mit kapillartrocknungsblockender Kunststoffpampe aufgepeppt!) erneuert werden oder genügt deren Stabilisierung durch tatsächlich geeignete Hinterfüllmaterialien?
- Ist das verformte Tragwerk vor Ort trotz seines dramatischen Einsturzes im Computer tatsächlich unerträglich überlastet und muss schleunigst mit Stahlbrummis durchgesichert werden oder war es nur das falsche Rechenmodell und schon ein paar veränderte Systemeingaben und wenige, aber klug eingefädelte Holzstückchen, schnell rausgeschaufelte überschwere Deckenausgleichfüllungen oder ein krückengleich stützendes Vorsatzmäuerchen, genügen dicke, Prüfstatiknachweis inklusive?
- Ist die arg verschmutzte Raumhülle nur logische Folge lange ausbleibender Renovieranstriche oder gefördert durch konvektive und warmfeuchtverstaubte Heizluftströmung mit systematisch überhöhtem Flächenkondensat in normdichtgedämmten Buden?

Mit unproblematischen Altersspuren könnte man eigentlich prima leben, mit echten Vernichtungspotentialen eher weniger. Für Ersteres könnte etwas Staubwischen genügen. Für ein überlastetes Gewölbewiderlager, eine unerträgliche Decken- oder Balkendurchbiegung mag eine stützende Krücke das Mittel der Wahl sein. Die Regenfanglöcher in einer bewitterten Fassade kann etwas trocknungsfördernden Kalkmörtel recht dauerhaft stopfen, auch ein hilfreiches Bleiblechlein am abgenagten Gesims kann gute Dienste leisten. Nur bei „echten“, also substanz- oder nutzergefährdenden Schäden der ultimativen Kategorie muss man wirklich ran an den Speck und der Not gehorchend erneuern. Möglichst kostengünstig, substanzschonend und bestandsverträglich. Bitte nicht immer mit Kanonen auf Spatzen böllern!

Entscheidend ist also die korrekte Bewertung aller Altersspuren und sogenannter Bauschäden auf ihre tatsächliche Herkunft, ihre Bedeutung für die künftige Erhaltung der Bausubstanz und die daraus abzuleitende Folge für die Bauwerksinstandsetzung. Zwischen reiner Aufhübschung, sinnloser Überrestaurierung und vollkommen nutzlosen oder gar schädlichen Saniermaßnahmen bis zu tragisch übersehenen Schadenssituationen reicht hier die Palette der systematischen Fehlbeurteilung mit weitreichenden Folgen für die Substanzerhaltung und Kostenentwicklung.

Vorsicht – Geschäft mit der Angst!

Gerade bei der Bestandsbewertung liegen die allerdicksten Hunde begraben. Wenn es Scharlatanerieexperten – wenn auch mit seriösest erfolgsversprechender Seidenkrawatte, Corbubrille, Luxuskarosse, Zertifizierung und Software getarnt – gelingt, dem naiv vertrauenden Bauherren ausreichend Dramatik vorzuflunkern, ist sein Geldbeutel schnell für abenteuerlichsten Baublödsinn geleert. Wobei der Clou für Schlechtachter darin liegt, ihn auch für die falsche Beurteilung und Pfuschplanung abzuzocken, die es freilich – als ausgebuffte Direktvermarktungshilfe der Hersteller und Anwenderfirmen – auch als kostengünstiges oder gar umsonstiges Lockvögeli gibt. Dafür werden halbgötterweiße Latinismen und Gräcismen aus der verwissenschaftlichten Denkmal-

und Restauratorendogmatik bemüht:

Doch was nützen die hochtrabendsten Gräcismen und halbgötterweißen Begrifflichkeiten wie

- Anamnese (Bestandsaufnahme),
- Diagnose (Bestandsbewertung) und
- Therapie (Instandsetzungsmaßnahme),

wenn als Folge

- sinnloseste, aber sanierpfuschfördernde und zerstörerische Substanzuntersuchungen (Analytik!) angezettelt,
- harmloseste Mängelchen komplett fehlbeurteilt und übertriebenst kaputtsaniert oder
- die heutzutage von Bauphysik und Bauchemie unverstandene alte Baukonstruktion mit schädlichen Sanierprodukten bis zur Gebäudetotalverpackung aufgemopst werden?

Eben. Geht es anders?

Bauteile erkennen und benennen

Für eine zur kostengünstigen und kostensicheren Planung führenden Bestandsbewertung kommt es zunächst darauf an, die betroffenen Bauteile eindeutig, geordnet und technisch zutreffend zu erkennen. Doch nur, was man kennt, kann man hinreichend genau erkennen. Daran hapert es bei Altbauneulingen. Man muss sich mühsam einarbeiten, Fachbücher wälzen und erst dann kann man die erkennbaren Bauteile auch benennen.

Warum das? Um dieses zunächst undurchsichtige Bauteilvielerlei überhaupt „beplanen" zu können, in später erfolgenden Zeichnungen und Leistungsbeschreibungstexten auch eindeutig wiederfindbar zu benamsen und im Konstruktionszusammenhang richtig zu bewerten. Nur die hinreichend detaillierte und korrekte Erfassung der Bausubstanz kann im günstigen Fall ein Identifikationsphänomen auslösen, das der späteren Erhaltung und gerechten Behandlung und nicht nur der Abrissbirne dient.

„Ich habe dich bei deinem Namen gerufen; du bist mein!"
Jes. 43.1

Ergebnisbezogene Zustandsbewertung

Der nächste Schritt ist die korrekte Zustandsbewertung. Diese kann – wie oben angeführt – nur gelingen, wenn sie im Hinblick auf die künftige Maßnahme erfolgt und damit die Weichenstellung in die kostengünstige und technisch tatsächlich zutreffende Richtung vorprogrammiert wird. Schon in dieser frühen Planungsphase – mitten in der Bestandsaufnahme – kommt es also ganz wesentlich darauf an, dass dabei das „volle" Sanier-Know-how zur Verfügung steht. Alternative: Bestandsaufnahme ohne Ergebnisbezug als Schuss in den Ofen – mit entsprechenden Folgen. Selten wäre das nicht.

Mengen und Maße

Da die erfassten Daten der Bestandsaufnahme in der Planung weiterverarbeitet werden müssen, ist es notwendig, auch die Mengen und Maße der angetroffenen Bausubstanz und ihrer lokal oder das gesamte Bauteil umfassenden Zustände und Maßnahmen in angemessener Genauigkeit zu erfassen.

Durchschaubares und arbeitserleichterndes Erfassungssystem

Im Hinblick auf eine kostengünstige Planung muss die Bestandserfassung und Bestandsbewertung möglichst systematisch – für die späteren Arbeitsschritte hinreichend genau, vollständig und ohne unsinnigen Aufwand – erfolgen. Wiederkehrende Phänomene werden dann mit geringerem

Aufwand dokumentiert. Und auch von Mitarbeitern bewältigt, die eben kein abgeschlossenes Ingenieur-, Restauratoren- oder Kunstgeschichtsstudium aufweisen müssen und noch am Anfang ihres Berufsweges stehen – freilich mit kompetenter Einweisung und Leitung.

Das Erfassungssystem „Raumbuch" und „Holzliste"

Die Bedürfnisse der Praxis führten mich schon am ersten eigenständigen Sanierungsprojekt auf das Problem einer sytematischen Bauteilerfassung. Auch die Mitarbeiter und Lehrlinge sollten vollständige, einwandfreie und nachvollziehbare Bestandsdokumente „erzeugen", ohne dass jeder Arbeitsschritt im Einzelnen dreimal vom Chef überprüft werden musste. Das System musste also selbstführend zum Ergebnis führen.

Natürlich sollte die geordnete Erfassung möglichst preisgünstig sein. Der Aufwand dieser Bestandsaufnahme und ihr für den Bauherren als Baukostensicherheit greifbares Ergebnis mussten logisch korrespondieren, sonst wäre ihre Beauftragung als sog. besondere Leistung zusätzlich zum Planungshonorar niemandem, vor allem keinem skeptischen Bauherren zu vermitteln.

Das Gegenbeispiel stand mir dabei als wissenschaftlicher Volontär am Bayerischen Landesamt für Denkmalpflege klar vor Augen: das denkmalpflegerische Raumbuch. Seine fachgerechte Erstellung für ein durchschnittliches Bürgerhaus erforderte mindestens einen magistrierten Kunsthistoriker Marke Mittelalter mit ausgiebiger Restauratoren-, Fotografen- und gediegener Bauzeichnerpraxis. Ergebnis des fachmännischen Bemühens: viele Pfund leitzordnerverpackte Inventarisationspapiere als prächtig bebilderter Hochglanz-Raumroman, meist nur vom bezahlenden und an den tagesformabhängigen Wortergüssen höchlichst interessierten Denkmalamt durchsetzbar, von keinem normalen Planer in eine sachgerechte Planung und Ausschreibung überführbar, auch von keinem Bauherr jemals durchgelesen und deswegen sonst wo, auf jeden Fall im Aktenschrank des Denkmalamtes verstaubend. Das Elend der Baustelle war damit nicht zu bewältigen.

Im krassen Unterschied dazu entstand über verschiedene Versuche und Ergebnisauswertungen das hier als Ergebnis und Anregung vorgestellte Erfassungssystem „Raumbuch“ und „Holzliste“.

In den Formularen des Raumbuch- und Holzlistensystems sind die üblichen Baukonstruktionen und -teile mit ihren fachlich korrekten Bezeichnungen, deren Zustände und die sich daraus ableitenden Maßnahmen katalogartig vorgegeben. Dies führt die unterschiedlichsten Bearbeiter mit geringstem Aufwand zu technisch objektiven Ergebnissen, direkt umsetzbar in Ausführungsplanung und Leistungsbeschreibung.

Das Ergebnis dieser technischen Bestandsaufnahme liefert in Kurzform ein fast vollständiges Roh-Leistungsverzeichnis für die Instandsetzungsmaßnahmen. Außerdem Konstruktionsskizzen, Schadenskartierungen und Digitalfotos in jeweils für die Planung notwendiger Vollständigkeit. Und zwar in kürzester Zeit von jedem Mitarbeiter vollständig und gut kontrollierbar herstellbar und vom Planer bestens in die weiteren Planungsschritte zu übernehmen. So konnten auch weit vom Bürostandort entfernte Großprojekte in wenigen Tagen vollständig vorbereitet sowie nachtragsarm und kostensicher durchgezogen werden. Darauf kam es den Bauherren wesentlich mehr an als auf dicke Ordner.

Planungsbezogene Datenerfassung

Alle erfassten Bestandsdaten haben also einen Sinn für die Planung. Wichtig ist dabei die Bewertung, ob der Bestand sinnvoll mitverwen-

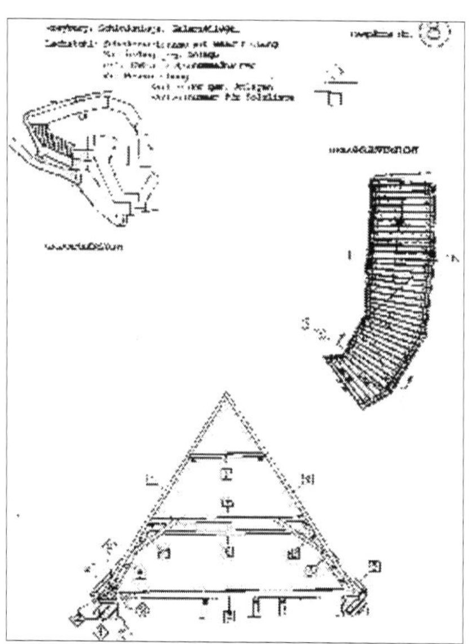

Neuenburg-Galerieflügel: Bestandsaufnahme der Einzelgespärre mit dem Holzlistensystem. Die Nummern beschreiben Bauteile, Zustände und erforderliche Maßnahmen nach einem eindeutigen Katalogsystem. Die damit erfolgte vorläufige Maßnahmenplanung liefert die Grundlage für nachtragsfreie Kostenplanung, Ausschreibung und Abrechnung auch komplizierter Schadenssituationen.

det werden kann, instandsetzungsfähig oder erneuerungsbedürftig ist. Diese Form der Bestandsaufnahme führt direkt zur kostensenkenden öffentlichen Ausschreibung.

Erfassungssysteme, die den direkten Maßnahmenbezug vernachlässigen

Klosterfassade Waldsassen: Putzschadenskartierung einer Musterfläche als sichere Planungsgrundlage für die Fassadeninstandsetzung

und keine qualifizierten und im Planungsgeschehen für jedermann verständlichen Textvorgaben liefern, sind wenig sinnvoll: Sowohl ihre eindeutige Bearbeitung wie auch ihre Weiterverarbeitung in der Planung ist durch solche Informationslücken erschwert, wenn nicht unmöglich. Dem Bauherren oder Planer sind derart dokumentationslastige und der Bearbeiterwillkür unterworfenen „Systeme" auch durch zuschussgestützten Argumentationsdruck kaum zu vermitteln.

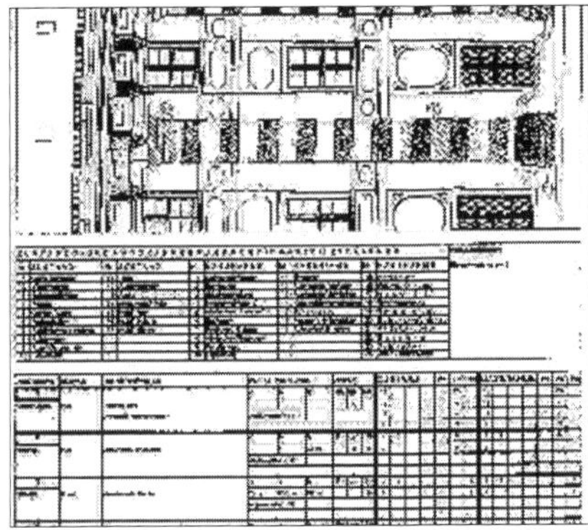

Cistercienserinnen-Abtei Waldsassen: Auszug Voruntersuchung Fassade im Raumbuchsystem mit Bauteil-, Zustands- und Maßnahmenkatalog sowie Mengenermittlung und grafische Kartierung. Planungsgrundlage für Maßnahmen- und Kostenplanung, öffentliche Ausschreibung sowie termin- und kostensichere Baudurchführung.

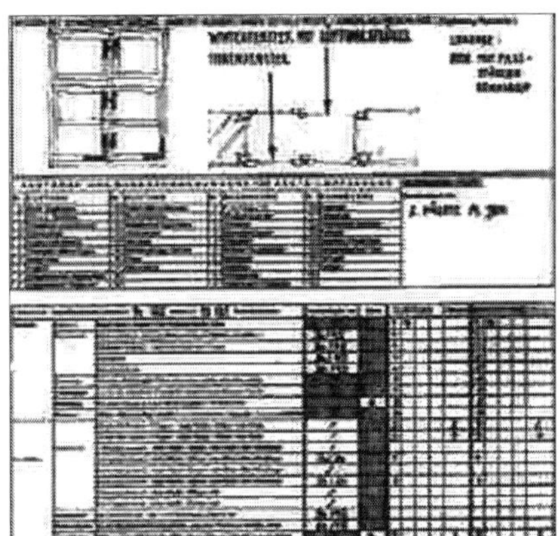

Das Raumbuchsystem existiert für alle altbautypischen Baukonstruktionen und Ausstattungen. Gerade für die wirtschaftliche Reparatur und Ergänzung historischer Fenster ist es ein unverzichtbares Werkzeug. Nicht der Handwerker, der Planer muss die Planungsvorgaben eindeutig und unmissverständlich liefern, sonst entartet jede Vergabe von Reparaturleistungen zur Kostenexplosion und sinnlosen Bestandsvernichtung.

Untersuchungsstrategie

Die altbautypische Untersuchungs- und Gutachtenflut bis auf die atomare Ebene des Bauwerks führt zu einem gefährlichen Soll-Ist-Vergleich mit Marketing-Norm und -Regelwerk. Das kostet Substanz, viel Geld und gefährdet die wirtschaftliche Projektdurchführung. Natürlich gibt es auch unabdingbare Untersuchungen – am besten gekoppelt mit Arbeitsmustern der sinnvollen Reparaturmöglichkeiten, aus denen sich im günstigen Fall auch sparsame Baumethoden (z. B. Verzicht auf Eingriff) ableiten. Die Tabellierung bauschädlicher Salze in ellenlangen Listen, die niemals vollständig zu erfassende Dokumentation von allerlei Feuchtemesswerten aus heißgebohrten Entnahmestellen, die Herummesserei von Raumluftfeuchten und Schimmelsporen ohne brauchbare Maßnahmeoptionen macht keinen Sinn.

Zuerst sollte also die Untersuchungsstrategie kritisch auf damit korrespondierende Reparaturalternativen abgestimmt werden, bevor man Gutachter und im Ergebnis nutzlose, oft nur auf „typische" Maßnahmen zielende „Voruntersuchungen" beauftragt.

Was nützt also die tollste Analytik (außer der honorarerhöhenden Baukostenmaximierung), wenn ihr Ergebnis uninterpretierbar bleibt bzw. sich daraus nur vorprogrammierte Empfehlungen unsinnigster Maßnahmen[4] ergeben? Solche „Gutachten" sind besser gleich als Textbausteine vom zuständigen Produktvertreter zu bekommen – umsonst und ohne Untersuchungsauftrag. Und ohne großen Nutzen

4 z. B. Horizontalsperre, Zementinjektion, Sanierputz, Kunstharz- und/oder silikathaltige Anstriche, Hydrophobierung, giftiger Holzschutz mit kilometrigem Rückschnitt, Wärmedämmung, Stoßlüftung, objekt- und exponatzerstörende Heizsysteme usw.

Bestandserfassung für Fachplanungen

Mehr als selten widmen sich Fachplaner der Mühsal einer echten Bestandsaufnahme. Der Neubau ist nun mal ihre ureigene Domäne. Alte Substanz – auch technischer Art – zu erhalten, nicht gerade ihr Steckenpferd.

Da die hier tätigen Kollegen nicht immer wissen bzw. wg. Unterhonorierung oder Produzentenabhängigkeit wissen mögen oder dürfen, was denkmalgerecht, bestandsschonend und wirtschaftlich ist, „rechnen" sie oft von vornherein mit (honorar)kostensteigernder Brutalerneuerung und Modernisierung „ihrer" Konstruktionen. LV komplett vom Hersteller. Die detaillierte Bestandsaufnahme ihres Bestands entfällt dann eben. Wenn die als harmlose Liniengrafik dargestellten technischen Bauteile der künftigen Modernisierung später im Bauwerk in all ihrer Mächtigkeit gar nicht richtig reinpassen? Egal. Die Planung in Dreitafelprojektion, also nicht nur als Strangschema oder statische Systemskizze, sondern lagegerecht in Grundriss, Deckenaufsicht, Wandansicht und Durchdringungs- oder Verbindungsdetail gibt es nicht. Folge: Ausbau der nicht mehr erforderlichen Leitungen, Konstruktions- und Anlagenteile mit zu hohem Vernichtungsgrad in der Bausubstanz sowie Vernichtung noch brauchbarer Bauteile. Einbau der neuen Teile „nach Belieben". Der Bauleiter schwitzt, die „unvermuteten" Kosten für nur durch Bestandsaufnahme und Planungsintensität vermeidbare Einbaukonflikte explodieren. Der Handwerker und sein Lieferant reiben sich die Hände, der Fachplaner freut sich auf deren nächsten Weihnachtsbesuch.

Im Holzschutzbereich sollte eine qualifizierte Bestandsbewertung kritische Bereiche der Holzkonstruktionen erfassen und notfalls auch freilegen. Meist geht es um die Dach- und Deckenauflager sowie das Umfeld der Wasser- und Abwasserleitungen.

Danach ist durch geeignete Untersuchungsmethoden wie die Bohrwiderstandsmessung zu bewerten, wie es um die Resttragfähigkeit der geschädigten Hölzer steht. Zu guter Letzt muss möglichst eindeutig geklärt werden, wie es überhaupt zum Befall kommen konnte. Regnete es jahrelang hinein, tropften Hähne und leckten Leitungen, kondensiert Raumluftfeuchte in Gewölbezwickel und Balkenauflager? Erst nach dieser Klärung können die konstruktiven, anlagentechnischen und selbstverständlich giftfreien Abhilfe-Maßnahmen geplant werden.

Schon aus angeborenem Mitgefühl, aber auch aus Kenntnis des Gefährdungspotentials plädiere ich unbedingt dafür, alle Industrie-Vergiftungsnormen auf der Basis von Boraten, Lindan, PCP und sonstigen Schweinereien maximal zu missachten und einwandfreie Alternativen zu suchen. Diese müssen dann in der Ausschreibung qualifiziert, gewährleistungssicher und bedenkenverhindernd verankert werden.

Für eine gute Bestandsaufnahme von geschädigten Holzkonstruktionen muss man sich schon auskennen mit der historischen Holzkonstruktion, den Schadensklassikern, den verfügbaren Reparaturtechniken, der Bauklimatik und vor allem den Lebensbedingungen der verschiedenen Holzschädlinge. Kopf in den Sand stecken nutzt da nichts, dauerhaft entwicklungshemmende Bautrockenheit schon eher. Wasser ist der Feind des Bauwerks, der Freund aller Pilze und vieler Schadinsekten und heutzutage die sichere Folge falscher, gleichwohl genormter und geregelter Dicht- und Dämmkonstruktionen vom Boden bis unters Dach.

Zu den hier am Markt beobachtbaren Bekämpfungsalternativen gegen tierische und pflanzliche Holzschädlinge nur so viel: Es macht keinen großen Sinn, nach Abtötung einiger Würmer und Myzele in einer Sondermülldeponie weiterwohnen zu müssen. Und Maßnahmen, die zwar töten, aber die lebensbegünstigenden konstruktiven und raumklimatischen Verhältnisse unbeeinflusst lassen, mögen zwar einige Zeit Ruhe schaffen – aber nur, bis sich neue Populationen in der günstigen Brutstation einnisten. Das ist so sicher wie das Amen in der Kirche.

Bauhistorische Untersuchung – Befunduntersuchung

An wertvollen Baudenkmalen hat sich inzwischen eingebürgert, durch Restauratoren die Fassungsschichten der Raumhüllen und wichtiger sonstiger Bauteile wie Türen, Stützen usw. in sog. „Befundtreppen" partiell freilegen zu lassen. Aus denkmalpflegerischen und auch Kostengesichtspunkten anzustreben ist der „Briefmarkenbefund", nicht die flächige Freilegung. Im Ergebnis entsteht aus dieser „Befunduntersuchung" der „Befundbericht". Er sollte neben der fachgerechten Aufschlüsselung der Fassungsgeschichte in den oben schon angesprochenen

Bauplänen unbedingt auch verwertbare Hinweise auf die Restaurierungsstrategie enthalten, damit die Baumaßnahme davon echt profitieren kann. Gefahr: Teure Reko verlorener Zustände. Dies sollte dann aber die Denkmalpflege ebenso wie die historische Untersuchung durchfinanzieren. Günstiger: Über alles eine neue Haut ziehen – ein Anstrich, ein Rohrmattenputz, eine Verkleidung. Dann ist die Substanz einigermaßen und kostengünstig bewahrt und steht späterem Forscherfleiß fast unvermindert zur neuerlichen Verfügung.

Schwerere Substanzverluste als die nur oberflächliche Befunderhebung verursacht die sog. Bauforschung mit ihrer „Bauarchäologie". Da geht es zur Sache, bis fast kein Stein mehr auf dem anderen steht. Berühmteste west- und vor allem auch ostdeutsche Burgen und Schlösser, Kirchen und Klöster, aber auch der weltweite Burgruinenbestand liefern hier die Schlachtfelder für Ausgrabungskampagnen, die ein vorher prima nutzbares Bauwerk in eine bejammernswerte Wüstenei verwandelten.

Oft genug habe ich selbst erleben dürfen, wie historische Anstriche und Putze komplett, dafür dokumentationslos bis auf das bröckelnde Mauerwerk abgestrapst wurden, dann weiter Loch an Loch, Pickeltrichter, metertiefe Grube. Für Kleinmaßnahmen an Romantikstandorten stehen immer genügend Lustgräber bereit, um sich am Urbefund selbst und ganz umsonst zu befriedigen. Großmaßnahmen bekamen nicht nur studentische Hilfskräfte, ganze Arbeitsbeschaffungsmaßnahmen für hunderte Werftarbeiter/innen und sonstiges Industrieproletariat können daraus entstehen. Vor allem nationalismus- und slawismusgeplagte Gesellschaftssysteme opfern gerne ganze Burganlagen, Stadtviertel, Siedlungs- und Gräberfelder der pickelbewehrten Bauforschung. Sie gebiert neben ungeheurer Substanzvernichtung geradezu lächerlichste Restaurierungsmonster. Hauptsache urslawisch oder gar echt antik. Grausame Beispiele bis zum Jerusalemer Tempelberg gerne auf Anfrage. Wehret den Anfängen!, ist zumindest dem kostenbewussten Bauherren zu raten.

In Einzelfällen kann sich brutale Schatzgräberei aber auch lohnen. In vermauerten Kaminzügen schlummerten schon Silbergeschirre, in Bodenschüttungen klimperten alte Münzen, Glas- und Keramikscherben zwischen Mausgerippen. Ein sorgsames Aussieben des immer anfallenden Bauschuttes kann in älteren Bauwerken schon Sinn machen ...

Schadstoffanalyse

Ein heutzutage unverzichtbares Element der technischen Bestandsaufnahme ist die Bestandsüberprüfung und fallweise Analyse auf vorhandene Schadstoffe. Dabei geht es im Wesentlichen um den Einsatz giftiger Holzschutzmittel, um ausgasende Giftstoffe der modernen Beschichtungen, Kleber, Plattenwerkstoffe sowie die Freisetzung lungenkrebsfördernder Fasern aus Asbestwerkstoffen und Mineralwolle. Finden sich im Altbau hierzu Verdachtsmomente, ist es mit dem Ausbau alleine nicht getan. Eine fachmännische Schadstoffanalyse und Bewertung des Gefährdungspotentials dient als Grundlage der Planungsstrategie und der Arbeitsschutzmaßnahmen. Peinlich, wenn erst der gebildete oder geschädigte Handwerker die hier verborgenen Mehrkosten auslöst, das kann ein echter Kostentreiber werden. Manche Handwerker verstehen sogar die Preisspekulation auf derartige Vorkommnisse. Noch schlimmer, wenn erst der geschädigte Nutzer die hier übersehenen Risiken zutage treten lässt, dann ist guter Rat noch teurer und die Suche nach dem Schuldigen eine besonders peinsame Angelegenheit.

Baustellen im Umfeld des anglo-amerikanischen Bombenterrors verdienen eine Luftbildauswertung und Metallsondenbegehung, auch die Frage nach sonstig möglichen Altlasten aus Industrieabfällen, unerlaubter Schadstoffdeponie, Bauwerks- und Bodenbefrachtung mit gefährlichen Flüssigkeiten, Brennstoffe, Treibstoff usw. kann Untersuchungs- und Handlungsbedarf auslösen.

Wenigstens der Planer sollte die hier angesprochenen Verdachtsmomente kennen, um dann das Nötige veranlassen zu können.

Arbeitsmuster und Musterachsen als Teil der Bestandsaufnahme

Wenn die Tragfähigkeit von Malgründen, die Bewährung einfacher oder auch komplexer Reparaturtechnik, die Mitverwendbarkeit alter, evtl. noch brauchbarer Anlagenteile, die Instandsetzung verdeckter Konstruktionen, die Funktionsfähigkeit bestimmter Arbeitsschritte zur Trockenlegung und Entsalzung feuchter Wände im Zusammenhang mit der technischen Bestandsaufnahme erprobt wird, sind spätere Überraschungen, Konflikte und Kostenexplosionen sehr gut von Anfang an zu begrenzen.

Hier muss der Planer zeigen, was er vom Restaurieren und Instandsetzen versteht. Dabei stellen sich beispielsweise folgende Fragen:

- was sollte wo bemustert werden,
- was kann darauf verzichten,
- welche Alternativen stehen für die Bemusterung zur Verfügung,
- sind die Musteralternativen gleichzeitig oder nach Vorliegen bestimmter Voraussetzungen erst nacheinander anzuordnen,
- wie ist das Muster vergabe- und betreuungstechnisch vertraglich zu vereinbaren,

- wie lange soll die Standzeit des Musters sein, um tragfähige Schlüsse zu ziehen,
- welche Ergebniskontrollen sind notwendig, um eindeutige Wirkungserfolge oder Versager nachzuweisen,
- wie sieht die Dokumentation der Bemusterung aus, um deren Ergebnis der weiteren Planung verlustfrei zuzuführen,
- Wie werden die Musterergebnisse in der Ausschreibung verankert,
- wie wird die Bemusterung weiter als qualifizierendes Vorbild bei der späteren Vergabe genutzt?

Die vom Planer geschuldete Beratung zur Einschaltung von Sonderfachleuten bezieht sich nicht nur auf Statiker, Baugrundgutachter, Elektroplaner und Atomzerschmetterer der verschärften Materialprüfung, er kann und muss auch den qualifizierten Restaurator für Holz, Glas, Anstrich, wandfeste Ausstattung, Naturstein usw. in seine Überlegungen mit einbeziehen.

Beispiel:
Das Musterachsenprojekt am historischen Rathaus Bremen

Die Süd-Fassade nach Restaurierung: Kein historisierender oder frei interpretierender Gestaltwandel, nur Reparatur nach unbeschränkter öffentlicher Ausschreibung! Bei erheblicher Budgetunterschreitung durch nachtragsarme Ausschreibungsmethode auf Grundlage intensiver Bemusterung an den geschädigten Bauteilen.

Kartierungen an photogrammetrischen Bestandsaufnahmen belegen alle getroffenen Planungsentscheidungen auch bei der späteren Bauzeit. Allein die Firmen-Abrechnungs-Dokumentation des im Detail angetroffenen Vorzustands, der mit der Bauleitung anhand der sich

Die für wenige Wochen eingehauste Musterachse – hier konnte das Winterhalbjahr genutzt werden, um bis ins letzte Detail Schäden zu entdecken, zu bewerten und die technisch und wirtschaftlich besten Reparaturmaßnahmen auf der Grundlage historisch tradierter und moderner Methoden zu entwickeln. Natürlich mit Gegenkontrolle nach winterlicher Bewitterung im Frühjahr vom Hubsteiger aus.

Ein interessantes Ergebnis der Rissfreilegung: Nicht die vorbeifahrende Straßenbahn oder schlechte Fundamente, sondern die angerosteten Eisen-Versetzkeile für die Natursteinelemente, unsichtbar hinter den Fugmörteln verborgen, bewirkten die erhebliche Rissbildung durch die Fassaden. Allein diese kleine Entdeckung ersparte teuerste und sinnlose Fundamentsanierversuche.

in der Musterachse bewährten, ausgeschriebenen, dann lokal festgelegten und durchgeführten Maßnahmen füllt über 12 Leitzordner. Und wie läuft das mit der Dokumentationspflicht gem. Charta von Venedig sonst? Und mit der im Detail prüffähigen Abrechnung? Eben. In so einem Fall braucht es eben keine steingerechten Bauzeichnungen für teuer Geld und teuer Zeit. Und auch keine Blödsinnsmaßnahmenkartierung, die dann von der späteren Bauwirklichkeit ad absurdum geführt wird und nur des Denkmalpflegers und Bauforschers Brust schwellen lässt.

TIPP: Immer kritisch abwägen, was die Maßnahme wirklich braucht.

Die alten mauerwerkszerstörenden, gerissenen und kapillarsaugenden Zementfugen blieben überwiegend (kosten- und denkmalsubstanzsparend) drin! Ihre wassersaugenden Löcher und Risse wurden allerdings mit Luftkalkmörtel harmlos geschlossen. Alle Steine wurden begutachtet und nur, wo technisch notwendig, repariert. Man sieht die Kartierung aus Kreidebezeichnung.

Mauerwerk der Musterachse: Zerstörungsgrad und Reparaturbereich direkt über dem Fenstergiebel mit preisgünstigster Kalkmörtelergänzung auch im Backsteinbereich. Es muss nicht immer nachgeschnitztes Gold sein, nur damit sich die Restaurierhelden darin sonnen können!

Einzementierte korrodierte Eisenanker, deren gesamtes Schadensbild und die daraus abzuleitenden Maßnahmen nur nach Freilegung im Musterachsenbereich ausschreibungs- und kostenkontrollfähig wurden.

Eisenanker nach Reparatur – Teilergänzung verrosteter Bereiche und traditionellem Rostschutz (Bleimennige in Leinöl, Glimmerfarbe in Leinöl-Standöl), nun in elastischem Kalkmörtel eingebettet.

Detail Befestigung Giebelfigur in Musterachse.

Denkmalexpertise, Restauratoren und Bauchemie – die Originaloberfläche wurde früher mit Spezialwasserglasfestiger (schriftliche Empfehlung eines süddeutschen Denkmalamts) vollgetränkt und damit dicht, trocknungshemmend und wasserspeichernd zerkrustet. Nun schuppt und schiefert wie immer (vergleichen Sie selbst!) alles blätterteigig blasenpustelig ab und hält schwarzvergrünend Wasser zurück. Die historische Haut schwindet dahin. Hat aber vorher gehalten, bis modernes Schlaumeiertum aus Behörde, Restaurierung, Handwerk und Bauchemie gemeinsam tätig wurde.

Auch der moderne Rostschutz am Ankereisen der Giebelfigur ist der letzte Dreck, wenn es aus dem Industrie-Labor in die Wirklichkeit geht. Er macht die Bewegungen des Eisens nicht mit, kann mangels höherwertiger Metallionen nicht passivieren, sondern nur beschichten und sich als schrumpfige Polymerbeschichtung auch nicht wie das viel „feinere" Leinöl bis ins Mikrogefüge der Metalloberfläche sauerstoffersetzend verankern.

Oberflächenschutz der Bleimennige mit einer Leinöl-Standöl-Eisenglimmer-Farbe. Das hält wirklich und ist trotzdem – öffentlich ausgeschrieben – preisgünstig.

Besser ist da die altbewährte Bleimennige. Sie kann als aktiver Rostschutz mit ihren edleren Metallionen (vgl. Verzinkung von Eisen als „Opferanode") perfekt passivieren, in Leinöl gebunden bis in das letzte mikrokristalline Löchlein der Oberfläche flutschen und so viel dauerhafter schützen (handwerksgerechte Verarbeitung und Sorgfalt vorausgesetzt!). Üblicherweise bevorzugt der Planer aber Industrieschnellschmiere, der „leichter verfügbar" ist und kein Bemühen um Ausnahmegenehmigung betr. Arbeitsschutz erfordert.

Reparaturmuster an der Gesimsuntersicht. Ziel: Nur technisch nachteilige, lose, wasserglasversalzte und -überfestigte Krusten abnehmen. Bonbonsüßes Farbkonzept 60er Jahre (mit zerstörerischen Wasserglasfarben/Reinsilikatanstrich!) wird hingenommen. Leichte Retuschen mit rissfüllender Kalkfarbe nur, wo stark störend aus Fernsicht. Nahezu keine Profilergänzungen.

Der über Jahrhunderte geschundene Gesamteindruck (nach Michael Petzet: „Die Denkmalpflege nagt immer wieder am selben alten Knochen."), die gealterte Haut, die geschichtlich verdichtete Gesamterscheinung bleiben ungestört von schöpferischer Denkmaltümelei und preisgünstig erhalten. Das Muster belegt diese Machart auch als Grundlage für die folgende Gesamtreparatur.

Detail Musterreparatur an Oberfläche. Links nur gereinigt, rechts mit Retuschevorschlag. Fehlstellen im Gold sparsam und unauffällig nur mit Kalkocker ergänzt. Absandelnde Flächen mit Feinkalkschlämme guter Eindringtiefe ohne die sonst übliche Krustenbildung, Schalenüberfestigung und Trocknungsblockade gesichert (man könnte auch gefestigt sagen, wenn dieses Wort nicht schon dermaßen zum Formenkreis des Missbrauchs und der Vergewaltigung der Denkmalhaut gehören würde). Auch ein öffentlicher Bauherr sollte nicht immer von Edeldenkmalputzpolitur ausgeblutet werden!

Scheußlich, was Nässe durch Wasserglas alles am Oberkirchner Sandstein, Deutschlands erste Qualität, anrichten kann. Eine pigmentierte Kalktünche schützt nun vor weiterer Verwitterung – Muster am Kapitell. Sie zerkrustet, zersalzt und zerfeuchtet die Fassade nicht. Im Unterschied zu den – trotz mancherlei Diffusionsfähigkeit – kapillartrocknungsblockierenden und deswegen fassadenzerstörenden synthetischen Farbrezepturen moderner Baualchemie.

In der Ausführungsphase überzieht dann der beauftragte Handwerker das ganze Bauwerk mit einem dichten Netz aus Kreide-Kartierung – Positionsnummern aus dem Leistungsverzeichnis. Das wird mit der Bauleitung abgestimmt und nach geglückter Bemusterung von Bauherr, Oberbauleitung und Denkmalpflege zur Ausführung freigegeben. Parallel dazu Eintrag der Flächen und Nummern in die Abrechnungszeichnung auf Grundlage der Fotogrammetrie. Die perfekte Dokumentation für den Rechnungshof – den Bauherrn und das Denkmalarchiv für spätere Maßnahmen und Erfolgskontrolle.
Nachmachen!

C) FUNKTIONS- UND ENTWURFSPLANUNG

BESTANDSSCHONEND PLANEN

Bei der Instandsetzung von Altbauten heißt Entwurf:

Einpassen der neuen Funktionen und wirtschaftlichste Konstruktionswahl im Hinblick auf den späteren Bauunterhalt.

Das kann bis zum Verzicht auf strukturell unpassende, nicht förderfähige und damit auch unwirtschaftliche Nutzung gehen. Auch hochstilisierte Zeitgeisterei muss nicht immer sein. Für unvermeidbare Bestandsverluste ist die dafür geeignetste, vielleicht schon besonders geschädigte oder eher unbedeutende und am leichtesten verzichtbare Gebäudestruktur zu suchen.

DAS NOTPROGRAMM: ÜBERNAHME OHNE VERÄNDERUNG

Darüber hinaus könnte die Substanz mit allen Bau- und Verfallsphasen in untergeordneten Nutzungsbereichen, als Entwurfsziel einer historischen Authentizität oder im musealen Umfeld auch „einfach so" übernommen werden. Manchmal ist eine „Normalsanierung" überhaupt nicht finanzierbar. Dann schlägt die Stunde dieser ultima ratio als letzter Ausweg. Eine Notsicherung gegen weitere Verwitterung und Einsturzgefahr, vielleicht ergänzt mit einer konservierenden Hüllflächentemperierung auf geringstem Technik- und Betriebskostenniveau, kann wertvolle Bausubstanz „einmotten" oder für reduzierte Nutzung oder museale Veranschaulichung instandsetzen und so mit geringstem Budget für bessere Zeiten verlustarm erhalten.

Im Bestand gilt nicht nur „neue" Architektur bzw. Baunorm. Die Anpassung an Zeitgeist, langfristig kostentreibende und schadensanfällige Modernbauweise fällt zwar leicht, eine selbstbewusste Planung darf sich aber besseren Zielen verpflichten. Allerdings setzt das den altmodischen Demutsbegriff und entsprechende Gestaltung der Werkverträge voraus.

Weißenfels-Geleitshaus: Mit Bauwerks-Zentralperspektiven können Trassenüberlagerungen und Raumgestaltungen eindeutig auf Bestandskonflikte geprüft werden. Außerdem erhält der Bauherr rechtzeitig einen Eindruck vom Planungsergebnis. Das geht auch ohne CAD mit der geschulten Zeichnerhand.

ERHALTUNGSPLANUNG, GESTALTWANDEL UND WIRTSCHAFTLICHKEIT

Nur eine bestandsschonende Planung kann den oft gegebenen Konflikt mit der Wirtschaftlichkeit nicht weiter verschärfen. Eingriffe beschränken sich dann überwiegend auf Reparaturen. Der Verzicht auf „Übernutzung" verringert den sonst oft notwendigen Aufwand für nachträglichen Brandschutz. Im Klartext: Der teure Dachausbau mit zusätzlichem Erschließungsaufwand und Rettungsweg ist bei üblichen

Durchschnittsmieten oft wirtschaftliches Harakiri.

Der denkmalgerechte Entwurf unterliegt keiner festgeschriebenen Vorschrift, sondern dem Wandel diesbezüglicher Ansichten. Das Entwerfen gerade in gestalterischer Hinsicht ist ein spannungsgeladener Prozess. Schnell ist der Planer, der Bauherr oder die Denkmalpflege „verschnupft", erscheint die eigene Ideologie gefährdet. Die Frage nach zulässigem Eingriff, nach vertretbarem Gestaltwandel oder nach dem neubaubedingten Bestandsopfer muss immer wieder neu entschieden werden.

In der Praxis spielt der Umgang mit dem historisch gewachsenen Erscheinungsbild der Bauteiloberflächen bzw. Fassaden eine wichtige Rolle.

- Soll konservierend überputzt, -malt oder -schlämmt werden, was der nationale Historismus steinsichtig herauspräparierte?
- Was soll geschehen mit der durch Zementfugen, Wasserglasfixativ und Kunstharzkleistern misshandelten alten Fassade?
- Soll alles unter einem Leichentuch aus frottiertgewaschelten Pseudokalkputzen, überdichten Kalkersatzanstrichen oder gar hydrophobierten Synthetik-Kalklasuren verschwinden?
- Sind neben brüchigen auch festsitzende Zementmörtel immer zerstörerisch und teuer herauszubrechen?
- Muss unbedingt irgendeine Moderne draufgebeppt werden?
- Wer verantwortet die damit einhergehenden Kostensteigerungen und Substanzverluste?
- Müssen historisch fragmentierte Zustände frech und zusammenhanglos für sich nebeneinander dargestellt, vielleicht sogar verlustreich freigelegt werden?

Weißenfels-Geleitshaus: Raumperspektive als Entwurfsmethode auch im Bestand – selbst ohne CAD.

- Der Altbau als baugeschichtliches Kaleidoskop oder in gefälschter Fassung von Anno niemals?

Auch die Restaurierungsgeschichte verdient Respekt.

Wenn wir dem Bestand gegen den weiteren Verfall konstruktiv helfen, nur das technisch Nötige reparieren und ergänzen, kostet das wenig Geld und wenig Substanz. Ein Gestaltwandel, gar Fassadenneualtentwurf plus bottaschattnernd aufgemotztem Modernismenkrampf (Motto: „Wer ko, der ko") ist gerade für das sparsame Instandsetzen bestimmt nicht erste Wahl.

Die „originalgetreu-zeitgeistlichen" Erfolge der „interpretierenden" Denkmalpflege sind und bleiben Luxusbau – mindestens aus wirtschaftlicher Sicht. Vielleicht gelingt alternativ und naturbelassen sogar ein ausstellungswürdiges Museumsexponat mit mehr Geschichte als mancher Vitrinenfüller und touristenbefriedigende Possenreißer. Der Altbau selbst ist auch mit einigen Metern Rissverschlüssen aus Kalkmörtel zufrieden. Ein kosten- und geschichtsbewusster Bauherr auch.

D) KONSTRUKTIONSPLANUNG

DIE BESTANDSAUFNAHME ALS GRUNDLAGE

Grundlagen der Konstruktions- bzw. Ausführungsplanung sind das Aufmaß, die technische Bestandsaufnahme und die Bemusterung geeigneter Reparaturtechnik.

Hier zeigt sich die Schwäche von praxisfremden Aufmaßtrupps am meisten. Sie können die spätere Verwertung der Bestandspläne nicht richtig vorhersehen und liefern entsprechend unvollständige, fehlerhafte oder unnötige Ergebnisse.

Ein planungsverantwortlicher Ingenieur kann vor und während der Bestandsaufnahme auf den technischen Bedarf reagieren und Nachbearbeitungsbedarf in der Planungsphase rechtzeitig ausschließen. Nur er erkennt die konstruktiven Schwachpunkte, aus denen sich besondere Anforderungen an Bestandsverträglichkeit, den Bauteil- und Arbeitsschutz ableiten. Das denkmalpflegerische Erhaltungsanliegen und die Baustellenverordnung setzen hier den Maßstab. Auch die Schutzmaßnahmen für erhaltenswerte Bauteile im Bauablauf wollen hier geplant sein.

Die aus der Bestandsaufnahme und dem Schadensbild abgeleitete Planungsdetaillierung sollte den Anforderungen einer kostensicheren Ausschreibung und Vergabe entsprechen. Sonst war alles Gegurke umsonst. Wenn auch erst mal billig.

PRINZIPIEN DER KOSTENGÜNSTIGEN KONSTRUKTIONSPLANUNG

Wie soll man nun Neues und Altes zusammenfügen – die große Kunst der Sanierung?

Bauen nach DIN?

Sind die in DIN-Regelungen zusammengetragenen bauindustriellen Vorstellungen vom fachgerechten Bauen ein guter Leitfaden für besseres Sanieren? Unsere Altbauten wurden meist nach eigenen Bauregeln und Gesetzen – keinesfalls nach aktuellen Normen – errichtet. Das bedenkenlose Anwenden der Normen ist dort weder ohne weiteres möglich noch technisch immer sinnvoll. Viele Bauherren wissen das und suchen sich deswegen bessere Möglichkeiten – im Sinne der Orientierung an historischer Qualität oder gleich „gebrauchte" bzw. historische Baustoffe aus entsprechenden Handels- und Vermittlungsquellen[5].

Was könnten wir für das bessere Bauen von den Schadenssachbearbeitern der Baustoffindustrie lernen! Doch die peinlichen Katastrophen finden leider mehr als selten den Weg in die interessierte Öffentlichkeit. Der Planer muss beim Einsatz von Baustoffen und Konstruktionen eigenverantwortlich Reklame von Fakten unterscheiden. Das gilt insbesondere auch für die DIN-Normen, entstanden unter der Regie der an Umsätzen orientierten industrienahen Mitglieder der Normungsausschüsse.

DIN selbst sagt dazu in jedem DIN-Taschenbuch: „Durch das Anwenden von Normen entzieht sich niemand der Verantwortung für eigenes Handeln. Jeder handelt insofern auf eigene Gefahr."

Folglich: **Keine vertragliche Zusicherung** *von bautechnisch und wirtschaftlich schädlichen* **„Normeigenschaften"** *– weder im Planungs- noch im Bauvertrag!*

Deswegen müssen wir im Altbau eine andere Planungsstrategie verfolgen, die sicherer zum gewünschten Ergebnis führt, als die leider weit verbreitete sture, blinde und fast nie hundertprozentig umsetzbare Normengläubigkeit. Dass im Schadensfall allerlei normhörige Schwachverständige ausschließlich im Soll-Ist-Vergleich

5 z. B. www.baurat.de, dort auch Link zu Buchprogramm der edition anderweit von Mila Schrader mit hervorragenden Rechercheergebnissen zu historischen Baustoffen, Baukonstruktionen und damit vertrauten Produzenten und Handwerksbetrieben.

zur Normvorschrift beharren und damit die Rechtsprechung zum Negativen und technisch Falschen verformen, ist freilich bekannt und zu bedauern, verleiht den Planern damit aber damit keinen Freibrief für Pfusch nach Norm. Nachfolgend wollen wir deshalb zwei bewährte Prinzipien für kostengünstiges und erfolgreiches Sanieren erläutern.

Anpassen an Bestand

Die Reparatur- und Neubaukonstruktionen passen sich am besten in Gefügestörungen, Fehlstellen oder als Vorsatzelemente ein, als neue Schale über dem Bestand. Die Alternative zur Anpassung heißt Bauverletzung, Abbruch und Erneuerung. Das kostet meist wesentlich mehr.

Für die Konstruktionsanpassung gilt: Werden die Leitungstrassen und Verbindungen zwischen Neu und Alt nicht im Detail geplant und beschrieben, werden die Einbaukonflikte zu spät, also erst im Bauablauf, entdeckt. Das kostet ebenfalls unnötig mehr und lässt die Baukosten oft wesentlich über das gegebene Budget hinausschießen. Folglich kommt alles auf eine ausreichende und konfliktvermeidende Detailplanung – auf Grundlage entsprechender Bestandserfassung – an. Ein Unding bei unauskömmlicher Honorierung für die Planung.

Qualitätsprüfung und Bewährung

Bewährte Baumethoden sind oft besser, als neue Sanierungswunder. Langzeittaugliche Konstruktionen haben ihre Tauglichkeit ausreichend bewiesen, wir sollten weiter darauf zurückgreifen. Sie können auch heute noch funktionieren.

Bei dem darüber hinaus sinnvollen Einsatz von Neuentwicklungen sind ausreichende Erprobungsphasen und Bemusterungen im kleinen Maßstab am Objekt sinnvoll. Das ist besser, als für neue Erfindungen nur der Industriewerbung zu vertrauen und den Bauherren und sein Bauwerk als Versuchskarnickel zu missbrauchen. Wichtig ist die Bestandsverträglichkeit und Störungstoleranz der eingesetzten Baustoffe und -konstruktionen gegenüber den gegebenen Belastungen und Schadensfaktoren aus Nutzung und Bewitterung.

Wir haben allen Grund, den nur labor- und zeitraffergestützten Baustoffkreationen – oft zur geschwinderen Verarbeitung mit modernsten Schadstoffen angereichert – zu misstrauen. Alle undichten und eingestürzten Flachdächer, alle verrotteten Betonbauten, asbestverseuchte Stahlbauten, vergiftete Innenräume, krankmachend ausdünstende Baustoffe und die vielen Sick-Building-Geschädigten liefern dafür ausreichend Gründe.

Zum altbau- und menschengerechten Konstruieren und Reparieren gehört unabdingbar die risikobewusste Auseinandersetzung mit den Baustoffen, Konstruktionen und haustechnischen Anlagen hinsichtlich deren Einwirkung auf die Bausubstanz und das Raumklima durch Schadstoffgehalt, Alterungsverhalten, Instandhaltungsbedarf sowie der Auswirkungen auf die laufenden Kosten des Gebäudebetriebs.

Diese kritischen Fragen führen uns zum Fachplanungsbedarf im Altbau.

4. ALTBAUGERECHTE FACHPLANUNG IM ALTBAU UND BAUDENKMAL

Nur die schlüssige Zusammenarbeit aller beteiligten Fachplaner (nicht deren gewohnte Verweigerung aller altbaugerechten Leistungsintensität[6] bei gleichzeitigem Einsacken der Altbauzuschläge und übertriebener Technisierung des Altbaus mit störanfälligem High-Tech) kann das leisten, was ein Bauherr wünscht.

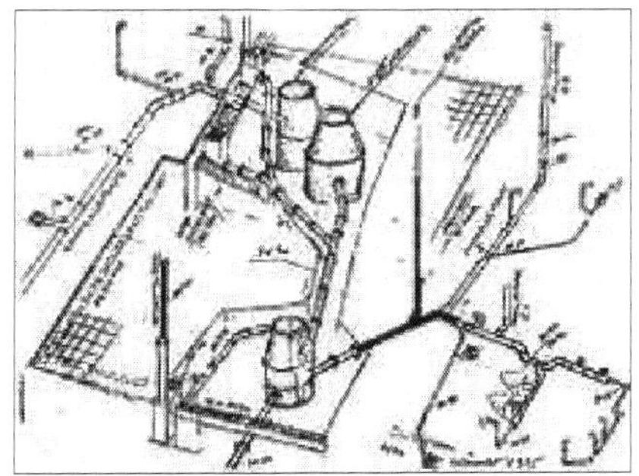

Weißenfels-Geleitshaus: Isometrische Abwasserkanal-Planung im Bestand

6 z. B. Wandabwicklung aller Trassen- und Objekteinbaupläne, Dreitafelprojektion aller Pläne, Vollvermaßung bezogen auf Bestand, VOB-gerechte, neutrale und eindeutige Leistungsbeschreibung.

A) HAUSTECHNIK

Vorsicht vor Haustechnikplanern, die normengestützte Luxuskonstruktionen mit allem modernistischen Firlefanz vorschlagen, um daraus Honorarkapital zu schlagen. Das gelingt auch deshalb so gut, da die Anlagenhersteller neben fetten Brotzeitpaketen nicht selten auch alle Planvorlagen und Leistungsbeschreibungen (für den Fachplaner!) „kostenlos" zur Verfügung stellen.

Gerade bei der Heiz- und Klimatechnik werden so altbau- und nutzerschädigende teure Luftbehandlungssysteme gegenüber sinnvollen Alternativen wie der Hüllflächentemperierung und ausreichender Fensterfugendurchlässig keit bevorzugt. Die Detailplanung im Bestand und die rechtzeitige

Auseinandersetzung mit der verfügbaren Reinigungstechnik für die dank zwangsläufiger Kondensatablagerung, Feinstaubzufuhr und Schimmelpilzrasen mit aufsitzendem Bakterienschleim schnell verkeimten Schächte wird jedoch systematisch vergessen. Dem Bauwerk und dem Bauherrn dient das jedenfalls nicht.

Dabei ist anzumerken, dass die angebliche Energiespartechnik auf der Grundlage sog. alternativer Energien aus Sonne, Wind, Grünzeug und Mist bisher nirgends bewiesen hat, dass damit auch nur ein Kilowatt gespart wurde. Im Gegenteil: Ihre geringe Energiedichte macht „das Sammeln" teuer, das höchstsubventionierte Ökoargument ist pure Augenauswischerei auf Kosten der Allgemeinheit und dient nur den Interessen der Ökoprofiteure in der krebsartig wuchernden Umweltadministration, den Politheuchlern und ihren zahlungskräftigen Lobbyisten.

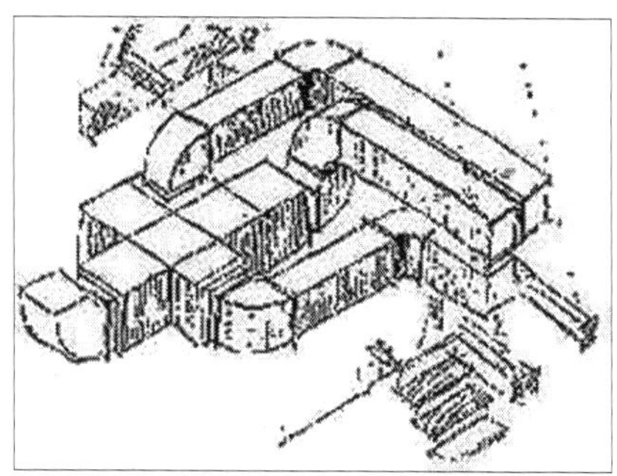

Weißenfels-Geleitshaus: Isometrische Anlagenplanung Lüftung im historischen Dachgespärre

Wir wollen uns nun die altbaugerechte Haustechnik etwas näher betrachten.

ZIELE

Die ideale Haustechnik im Altbau soll nicht nur kostengünstig sein, sie soll neben der Komfortsteigerung auch ...

- nicht gestalterisch und funktional stören,
- den Bestand nicht übermäßig verletzen (Leitungsverlegung und Anlageneinbau kann Bestandsverlust erzwingen) und
- nicht bestandsschädigend auf Konstruktion, Raumklima und Inventar wirken.

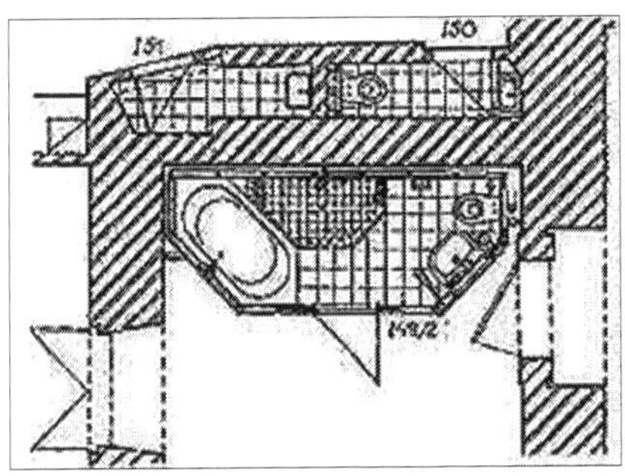

Badeinbau im beengten Bestand eines Barockklosters

ANFORDERUNGEN AN DIE PLANUNGSQUALITÄT

Die Planung der technischen Gebäudausrüstung im Bestand unterliegt vielfältigen Ansprüchen:

- die technischen, rechtlichen, wirtschaftlichen und gestalterischen Anforderungen seitens Nutzer (Komfortstandard), Baurecht (Brandschutz, Arbeitsrecht, Berufsgenossenschaft, Gewerbeaufsicht, Denkmalschutz, Wasserwirtschaft), HOAI-, DIN- und VDI-Regelungen, ...
- die wirtschaftlichen und vergaberechtlichen Anforderungen (Leistungsbeschreibung und Ausschreibung gem. VOB/A – C)
- die sich aus dem Bestand selbst ergebenden Anforderungen an eine schonende Haustechnik.

DETAIL-PLANUNG UND -BESCHREIBUNG IM LEISTUNGSVERZEICHNIS

Die typischen und kostensteigernden Probleme der Haustechnik für die Gewerke Wasser, Abwasser, Heizung, Lüftung, Brandschutz und sonstiger Medienversorgung und Anlagentechnik kommen nicht nur aus der planerseits gerne honorar-/umsatzsteigernd übertriebenen Luxusplanung, sondern wie immer aus wesentlichen Mängeln der Detailplanung. Um hier entgegenzuwirken, sind vor allem folgende Punkte angemessen im Bauwerk und folgend in Zeichnungen – offenbar ein unfassbar großes Problem für viele Haustechniker! – zu klären und in der Ausschreibung kalkulationsfähig vorzugeben:

- Durchdringungen der Leitungstrasse im Bestand – Bohren, Fräsen, Schneiden! Stemmen?
- Trassenparallelen und -kreuzungen, Trassenbündelung horizontal und vertikal,
- Bauteilmontage in und auf Bestandskonstruktion, günstig: Vorsatzkonstruktion, evtl. Technikelemente verkleiden, Bauteilankoppelung an die Bestandstechnik,
- Bauablauf, Montageabschnitte.

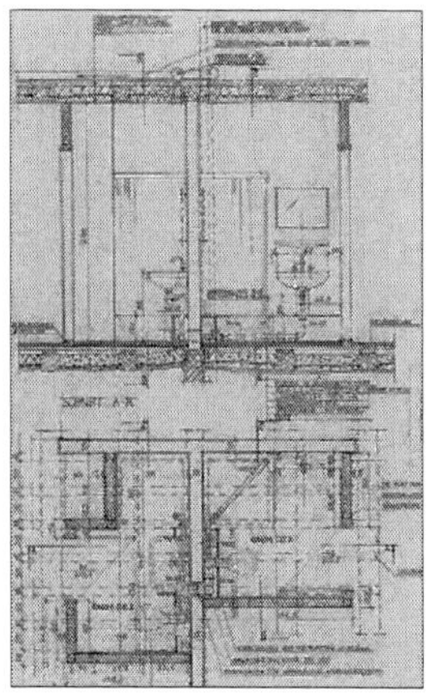

Nasszellenplanung für technische Ausrüstung im barocken Landgasthof

So kann das aussehen, wenn vom auf den Bestand achtenden Architekten regiert:

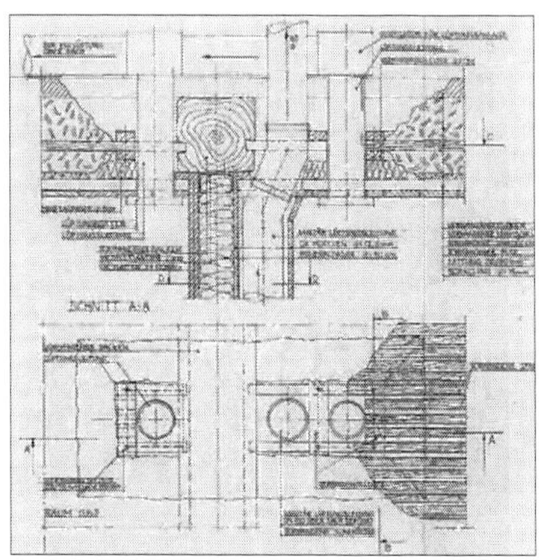

Nasszellenplanung: Detail der Durchdringungen im Bestand

Bei dieser Planungsintensität – und nur bei dieser! – hat der brave Handwerker freilich arge Probleme, seine gewohnte Nachtragsreiterei ins lukrative Ziel zu bringen. Und ein braver Bieter kann bei solchen LV-Anlagen ohne Risikozuschlag fair und preisgünstig kalkulieren – insbesondere wenn die Leistungsbeschreibung dem Positionsbausteinsystem folgt.

Wir gönnen uns noch einige Konkretisierungen (Tabelle 1):

TABELLE 1
VERGLEICH HAUSTECHNIKPLANUNG ALTBAU/NEUBAU

PLANUNGSBEREICH/THEMA/PROBLEM	ALTBAU	NEUBAU
Einschränkung durch Nutzung	XXX	—
Unterschied Plangrundlagen zu Wirklichkeit	XXX	X
Berücksichtigung vorhandene/geplante Baukonstruktion	XXX	X
Berücksichtigung vorhandene/geplante Haustechnik	XXX	X
Einschränkung durch unbekannte Bauteile und Haustechnik	XXX	—
Einschränkung durch Denkmalpflege	XXX	—
Brandschutzkonflikte	XXX	X
Schadensrisiko Ausführung Haustechnik	XXX	X
Schadensrisiko Technikauswirkung auf Bestand	XXX	X
Analyse/Bestandsaufnahme/Detaillierung Baukonstruktion	XXX	X
Bestandsaufnahme Haustechnik	XXX	X
Schadensanalyse Baukonstruktion Haustechnik	XXX	X
Konflikte bei Vertrags- und Honorarverhandlung	XXX	X

BESTANDSAUFNAHME HAUSTECHNIK

Der objektspezifisch erforderliche Umfang einer fachgerechten Bestandsaufnahme als unverzichtbare Planungsgrundlage für eine kostengünstige Haustechnik ist im Altbau – neben der Nutzung – abhängig von folgenden Faktoren:

- Baualter
- Baukonstruktion
- Bauzustand
- Sanierungsziel
- Baukonstruktion
- Oberflächen
- ortsfestes u. mobiles Inventar
- Risikopotentiale
- Bestandstechnik
- Neutrassierung u. Neuteile
- Baugeschichte
- Bauarchäologie

Aus diesen Anforderungen erwächst folgender Bedarf (Tabelle 2):

TABELLE 2

Erhebungsbedarf/ Bestandsaufnahme	Abwasser	Wasser	Heizung	Elektro	Schutztechnik
Trassenlage/-dimension	Grundleitung Leitungen im Bauwerk	Grundleitung Leitungen im Bauwerk	Leitungen, Luftheizungs- kanäle, Kamine	Hausanschluss Licht-, Kraftstrom, Niederspannung	Blitz, Brand Einbruch,
Möglichkeiten Neutras- sierung in/durch Be- stand	X	X	X	X	X
Anlagenbestandteile	Schächte, Revisionsklappen	Filter, Ent- nahmeein- richtungen	Energielager- ung/-zuführung Heiztechnik, Wasserqualität Abgasführung, Wärmeleitungs- system/ -verteilung	Hausan- schluss, Licht- /Kraftstrom	Blitzfang, -ab- leitung, Erdung; Brandschutz, Einbruch- meldung, Luft- feuchtebegrenzung und -zufuhr
Wiederverwendbarkeit	X	X	X	X	X
Trassen/Bauteile	X	X	X	X	X

Erhebungsbedarf/ Bestandsaufnahme	**Abwasser**	**Wasser**	**Heizung**	**Elektro**	**Schutztechnik**
Modernisierungs-/ Ergänzungsfähigkeit	X	X	X	X	X
Trassen/Bauteile					
Anforderungen Nutzer	X	X	X	XX	X
Anforderungen Baurecht	X	X	X	X	X
Anforderungen Denkmalschutz	X	X	X	X	X
Raumklimatische Anforderungen	—	—	X	X	X
Wirtschaftliche Anforderungen	X	X	X	X	X
Fördermöglichkeiten	—	—	X	X	X
Bedarf Nutzungsein- schränkungen	X	X	X	X	X
Bedarf baurecht- liche Ausnahmen/ Befreiungen	X	X	X	—	X
Bedarf Nutzungs- und Planungsänderungen	X	X	X	X	X

RAUMKLIMATISCHE PROBLEMSTELLUNGEN

In allen Bauwerken bestehen raumklimatische Verhältnisse, auf die die Haustechnikplanung auch im Altbau reagieren muss, um Substanzschäden zu vermeiden:

Als ein nicht nur für den Neubau, sondern auch für Altbauten besonders gut geeignetes Heizungssystem hat sich inzwischen die Hüllflächentemperierung/ Bauwerkstemperierung besonders bewährt. Was hat es damit auf sich? In diesem Bereich wollen wir uns noch etwas genauer ins Detail stürzen (Tabelle 3):

TABELLE 3

Bestand	**Raumklimatische Wirkung**	**Störungen**	**Gegenmaßnahme**	**Problem**
Massivbau	Temperaturamplitudendämpfung (TAV), Phasenverschiebung, Temperaturspeicherung Temperatur Raum > Außen	Jahreszeitliche Klimaschwankung	Heizung (Dauerbetrieb/zeitweiser Betrieb, Konvektions-Klimaschwankung intensiv oder strahlungsintensiv, präventive Konservierung?)	Temperaturstress, Auffeuchtung, Oberflächenverschmutzung, Bau-/Betriebskosten
Oberflächensorption	Feuchtepufferung, Ausgleich Feuchteschwankung	Außenluftfeuchte, Nutzungsfeuchte, Sorptionsdichte Oberflächen Konvektionsheizluft aus Luftheizung, Fußbodenheizung, Konvektorheizung und Nachtbasenkbetrieb mit Kondensatein- und Schmutzanlagerung (Fogging) in unterkühlte Flächen, Schimmelbewuchs, erhöht bei Überfeuchte	Abdichtung Zuluft, Luftentfeuchtung, sorptionsoffene Anstriche, Sollkondensation an Einfachfenstern, Umstellung Heizsystem auf Hüllflächentemperierung	Baukosten

Bestand	Raumklimatische Wirkung	Störungen	Gegenmaßnahme	Problem
Inventar-sorption	Feuchtespeicherung, Feuchtepufferung, Ausgleich Feuchte-schwankung, Feuchte-speicherung, Luftfeuchte Raum > Außen	Heizung -> Austrocknung	Befeuchtungsanlage	Auffeuchtung, Schädlingsbefall, Schimmel, Sick-Building-Syndrome SBS, Bau-/ Betriebskosten
Belichtung	Erwärmung Temperatur Raum > Außen	Temperatur-schwankung, Temperaturstress	Lichtschutz	Kunstlichtbedarf, Veränderung Raum-/ Fassade, Bau-/ Betriebskosten
Luftdurch-lässigkeit		Auffeuchtung, Dichte Fenster und Türen, Abdichtung offene Kamine, Fugen		Auffeuchtung, Schädlingsbefall, Schimmel, SBS

Bestand	Raumklimatische Wirkung	Störungen	Gegenmaßnahme	Problem
Luftverzehrende Raumheizung	Entfeuchtung	„Modernisierung“-> Auffeuchtung	Lüftung/Klimatisierung	Auffeuchtung, „Modernisierung“ -> Auffeuchtung
Einscheiben-/ Verbundfenster	Entfeuchtung	„Modernisierung“-> Auffeuchtung	Lüftung/Klimatisierung	Schädlingsbefall, Schimmel, SBS, Bau-/ Betriebskosten
„Bescheidene“ Nutzung	Geringe Raumklima-auswirkung	„Moderne“ Nutzung	Nutzungseinschränkung? Angepasste Bausanierung und Haustechnik, präventive Konservierung	Nutzeransprüche, Vorschriftengläubigkeit, Haftung, Mietrecht

HEIZLUFT ODER WÄRMESTRAHLUNG?

Seit einigen Jahren tobt in Fachkreisen ein erbitterter Kampf um das richtige Heizen. Es geht dabei nicht nur um die Fragen der Wärmequelle und Wärmeerzeugungstechnik mit sog. alternativer Energie, Brennwerttechnik und High-Tech-Regelung, die von erfahrenen und skeptischeren Experten als Vermarktungstrick nach dem Motto „Öfter mal was Neues" gebrandmarkt werden. Mindestens gleichstark wird um die Frage der richtigen Wärmeverteilung und Betriebsweise gerungen. „Falsch geheizt ist halb gestorben" – so polarisierte der Pionier der Strahlungsheizung, Alfred Eisenschinck, in seinem auch bei mir aufsehenerregenden Fachbuch. Im Kern geht es dabei um die Fragen Heizluft kontra Wärmestrahlung und temporären Absenkbetrieb kontra stetigen Dauerbetrieb. Wie der Leser richtig vermutet, trete ich auch hier für die Abkehr vom üblichen Weg ein, aus wirtschaftlichen, funktional-technischen und hygienischen Gründen, die hier etwas näher erläutert werden sollen.

Kann es wirklich sein, dass die anderen Experten allesamt und schon so lange irren? Das fragte ich mich auch als Planer, als ich Anfang der 1980er das erste Mal mit dem Gedanken einer „Hüllflächentemperierung" konfrontiert wurde. Hierunter versteht man die gleichmäßige Temperierung der abkühlenden Gebäudehüllen an Wänden, Dach und Boden, um mit deren Wärmestrahlung dann die für die Nutzung erforderlichen Raumtemperaturen zu erreichen. Dieses System widerspricht sowohl von den technischen Anforderungen an das Heizsystem wie auch in der Betriebsweise den üblichen Heizsystemen mit Konvektoren (Gliederheizkörper, Flachheizkörper mit integriertem Schacht und Wärmeverteilblechen oder sonstige Wärmetauschsysteme), die vorwiegend die Raumluft erhitzen und die Raumhüllen jede Nacht wieder auskühlen lassen.

Was zeichnet nun eine Hüllflächentemperierung heiztechnisch aus, was sind die Unterschiede zur üblichen Heizung?

NACHTEILE DER HEIZLUFT-INTENSIVEN HEIZUNG – KONVEKTIONSHEIZUNG

HEISSE LUFT IN DICHTEN BUDEN

Alle konvektionslastigen Heizsysteme wirbeln vorwiegend staubige Heizluft herum. Indirekt – über die Wärmeabgabe aus der Heizluft erwärmen sie die Bauteilflächen, das Inventar und die Personen im Raum. Die Wärmeabstrahlung der erhitzten Konvektoren wird erst nachrangig eingesetzt. Logisch, dass mit diesem Heißluft herumpumpenden Heizsystem auch die abluftbedingten Energieverluste – trotz aller Dichtanstrengungen und Wärmetauscherei – extrem sind. Doch auch physiologisch bietet der heiztechnische Missbrauch unseres wichtigsten Lebensmittels – der Atemluft – nur Risiken. Auf Kopfhöhe müssen wir etwa 27-grädige Heißluft einatmen. Ab 18-grädiger Atemluft genügt der Wärmeaustausch über unsere fußbaldfeldgroße Lungenfläche nicht mehr, um die Körperkerntemperatur auf 37°C zu halten. Deswegen beginnt unsere Schweißabgabe e-funktional zu steigen. Die zusätzliche Kühlenergie fehlt dann dem Immunsystem, der vermehrte Hautschweiß macht uns anfällig für Luftzug. Obendrein belastet die Staubluft unser Bronchialsystem – nicht die Trockenheit der Luft, die uns an sonnigen Januartagen draußen so großes Vergnügen bereitet. So macht uns falsches Heizen tatsächlich krank – und die jährlichen Grippewellen im Umfeld der Heizperiode brauchen uns nicht mehr zu wundern.

Moderne Bauweise dichtet – Blower-Door-gestützt – ab, die Raumluftfeuchte steigt. Das erhöht die Keimrate. Die erhitzte Feuchtluft kondensiert logischerweise in den kühleren Bauteilen, das begünstigt krankheitserregende Schimmelpilzkulturen. So wurde Deutschland unangefochten Weltmeister bei Kinderasthma-Toten.

NACHTABSENKUNG

Schlauerweise wird nun von allen irregeleiteten Heizern die sogenannte „Nachtabsenkung" betrieben. Jeder Autofahrer weiß, was es für den Spritverbrauch bedeutet, mit angezogener Handbremse bergauf zu fahren und im Stop-and-Go-Stadtverkehr zwischen den Ampelstaus herumzutuckern. Doch jeder Heizer kauft dennoch das wohl allerunsinnigste Produkt der Heizungsbranche und betreibt es geradezu inbrünstig: die Nachtabsenkregelung.

Ja freilich, ausgerechnet, wenn es draußen abkühlt – die Heizung muss runtergespart werden! So frostet die Bude jede Nacht ordentlich aus, in die kalten Flächen kondensiert drinnen die ebenfalls abkühlende Raumluftfeuchte und draußen aller Nebeltau. Es soll ja unbedingt mehr verschimmeln und veralgen als beim neidischen Nachbarn. Und frühs? Na, da muss dann halt ab fünfe wieder fleißig losgedonnert werden, bis der Kaminkopf glüht und wenigstens innen die patschnasse Wand wieder etwas trockener ist. Auch der schlaumeierndste Energiesparer will es ja kuschelig warm haben, wenn er den Morgentee schlürft und sich dank Staubluft gesundhustet. Dabei zündet extreme Heißluft durch den Schlot, das ausgekühlte Haus wird mühselig wieder auf Touren gebracht. Dass das ständige Abkühlen und Aufheizen inklusive Aufnässen und Abtrocknen nicht nur die Baukonstruktion unsinnig verdreckt, spannt und zwängt, sondern obendrein e-funktional Energieverluste erzwingt – ganz im Gegensatz zu stetigem Zuheizen – hat dem geizigen Energiespartropf kein Heizungsingenieur, kein Kesselhersteller, kein Heizungsbaumeister und nicht einmal der ganz speziell zertifizierte Energieberater je verraten und wird es auch nie. Es geht ja allen nur um das Marketing für Energiesparschnulli.

Kranke Leute in kompliziert geregelten und teuren Energieschleudern – alles dank verordnetem und selbstverschuldetem Energiesparwahn ohne einen Tropfen weniger Erdöl, ohne ein Molekül weniger Erdgas! Bis zu etwa 30 Prozent mehr Energie kann diese Heizidiotie kosten. Kopfschütteln greift hier zu kurz.

DIE HÜLLFLÄCHEN-TEMPERIERUNG

BAUARTEN

Vorsatzschalen

Es dürfte jetzt klar sein: Gutes Heizen geht genau andersrum. Dieses Ziel kann mit verschiedenen Bauarten erreicht werden. Die staatliche Beratung für nichtstaatliche Museen in Bayern propagierte schon in den 1970ern eine Vorsatzkonstruktion aus zwei Gipskartonplatten mit innen zirkulierendem Heizluftstrom an den Außenwänden und eine Schalenkonstruktion über dem Fußboden. In der allseitig geschlossenen Wand- bzw. Bodenschale erwärmen die auch in Heizleisten verwendeten Kleinkonvektoren (Heizrohr mit Blechlamellen zur erhöhten Wärmeabgabe) mit ihrem Luftauftrieb die Baukonstruktionen und raumseitigen Flächen. Die empfindlichen Ausstellungsstücke sollten dadurch geringere Feuchte- und Temperaturschwankungen erleiden. An die denkmalgeschützte Bausubstanz und die Baukosten wurde dabei weniger gedacht.

Unterputz-Wandheizung

Die dann weiterentwickelte Temperierbauweise – unter Putz verlegte Heizrohrschlangen zur flächigen oder nur auf einige Rohrtrassen und Öffnungsumfahrungen beschränkte Wandheizung, ist zwar gestalterisch vorteilhaft, aber mit wirtschaftlichen, technisch-energetischen Nachteilen erkauft. Diese Heizmethode:

- kostet viel Baueingriffe – teils im historisch sensiblen Bestand – und Material (meterweise Verlegeschlitze und Heizrohre),
- erfordert auch am Ende ihrer Lebensdauer hohen Bauaufwand,
- ist bei jedem Nagel und den gerade im Holzbau (Fachwerk!) unvermeidbaren Bauteilbewegungen und Zwängungen extrem havariegefährdet,
- beansprucht vergleichsweise hohe Pumpenleistung und
- ist träge wie die verwandte Fußbodenheizung. Ihre Wärmeabstrahlung wird nämlich durch den zuerst aufzuwärmenden Putz behindert und vermindert.

Sockelheizleisten

Eine substanzschonendere Bauweise ist heute vielfach eingesetzt: Die in den USA entwickelten Sockelheizleisten (Baseboard Heating). Dabei wird in einen am Sockel verlaufenden Schacht ein Kleinkonvektor (s. o.) eingebaut, der die am Bodenbereich anstehende Kaltluft erhitzt. Die aus dem Schacht aufsteigende Heizluft erwärmt dann zunächst die kalten Außenwände, die ihrerseits in den Raum abstrahlen. Damit der Luftauftrieb ordentlich funktioniert, braucht es Vorlauftemperaturen über ca. 40°C, die gewisse Knackgeräusche im System erzeugen können. Die Luftströmung reißt auch Bodenstaub mit, der sich vor allem in der Aufheizphase im Nahbereich über der Schachtöffnung wandverschmutzend ablagern kann.

Elektro-Strahlplatten

Auch die als kostengünstige Strahlungsheizung (kein Heizraum, kein Brennstofflager, keine Kaminfegergebühren, wartungsarm) angepriesenen elektrisch versorgten Plattensysteme halten hinsichtlich der Heiztechnik nicht, was versprochen wird. Da der Konvektionsanteil einer Heizfläche nur von deren Übertemperatur zur Umgebungsluft abhängt, haben die üblicherweise auf 90°C erwärmten Elektrostrahler geradezu gigantisch hohe Konvektionsanteile mit entsprechender Heizluftströmung – wesentlich höhere als übliche Heizkonvektoren mit max. 40 bis 60°C Oberflächentemperatur. Um die Konvektionsanteile zugunsten des Strahlungsanteils zu vermindern, gibt es folglich nur zwei Möglichkeiten zur Drosselung der Übertemperatur:

- Erhöhung der Heizflächen, um bei geringerer Oberflächentemperatur gleiche Wärmeabgabe zu erreichen und/oder
- Drosselung der Oberflächentemperatur durch einen entsprechenden Regelwiderstand.

Offenes Heizrohrsystem mit ergänzenden Flachheizkörpern

Wenn es gestalterisch hinnehmbar ist, bevorzuge ich ein wesentlich preisgünstigeres und vereinfachtes Heizsystem: Offen verlegte Ringleitungen aus warmwasserversorgten Heizrohren. Sie werden über der Sockelleiste oder an sonstigen Baukanten angeordnet und beheizen den Raum mit gleitender Vorlauftemperatur bis Außentemperaturen von ca. 5°C. Für höheren Wärmebedarf wird das Rohrsystem mit handelsüblichen Flachheizkörpern ergänzt. So sieht das bei mir zuhause aus:

Temperierrohre und Strahlplatte über der Sockelleiste 6 Jahre nach Einbau.

Selbstverständlich können sich auch bei diesem System nach einiger Zeit Staubschleier über dem Leitungsbereich an der Wandoberfläche anlagern. Gegenüber den Heizleisten ist aber der Konvektionsanteil der nackten Rohre wesentlich geringer und entsprechend das Verschmutzungspotential. In meinem Haus habe ich außerdem – gegenüber den sonstigen Planungsgepflogenheiten – extrem gespart an den Zusatzstrahlflächen und den Verteilkreisen. Entsprechend erhöht ist die Vorlauftemperatur und die damit verbundene Rohr- und Strahlkörperkonvektion. Um hier zu optimieren, kann man folglich mehr Heizkörperfläche anordnen und kürzere Ringleitungen, was dann die Baukosten leicht erhöht.

Dagegen sind bei der strahlungsintensiven „luftberuhigten" Hüllflächentemperierung auch der erhöhte Heizluftverlust, das kondensatbedingte Auffeuchtungs- und Schimmelrisiko aus warmfeuchter Heizluft an den nur indirekt erwärmten – zwangsläufig kühleren – Außenwänden passé. In wärmere Flächen kann Luftfeuchte ja nicht abkondensieren.

PLANUNG UND BEMESSUNG

Die Hüllflächentemperierung widerspricht der gängigen Baupraxis total, das haben Sie sicher schon bemerkt. Kaum ein Heizungsplaner und -betrieb will sich da freiwillig mit solch DIN-widrigen und kostensenkenden Heizsystemen befassen. Die Propagandisten und Hersteller der verschiedenen Heizsysteme stellen – teils unter abscheulicher Verheimlichung ihrer gravierenden Nachteile – nur ihre (teils auch nur angeblichen) Vorzüge heraus.

So ist es für einen kritischen und verantwortlichen Planer geradezu zwangsläufig, die erforderlichen Planungskompetenzen selbst aufzubauen und weiterzuentwickeln. Heute nutzen wir nicht nur die klassischen Warmwassersysteme, sondern auch elektrische Heiztechnik von der Steinplatte bis zum Heizkabel, mit einfacher Regeltechnik für den Wohnbedarf bis zu komplexen feuchte- und temperaturgesteuerten Systemen für konservatorische Zwecke in hochwertigen Baudenkmalen und Museen.

Wie wird die Hüllflächentemperierung nun bemessen? Zwei wesentliche Voraussetzungen: Die tatsächliche Strahlungsleistung und Wärmeabgabe von temperierten Körpern (z. B. Leitungsrohre, Flachheizkörper) nach Prof. Meier und der tatsächliche Wärmeverlust der Hüllfläche. Dieser ist viel geringer, als es die Normberechnung für den Wärmebedarf vorspiegelt.

Gründe dafür: Zunächst spielt die Anheizdauer und die dabei in den Prüfkörper eingespeicherte Heizenergie bei der stationären Ermittlung der sogenannten „Wärmeleitung" keine Rolle. So vergleicht man den potentiellen Wärmeabfluss aus erhitzten Körpern unter Voraussetzungen, die deren Speicherpotential unberücksichtigt lassen. Genauso könnte man auch den potentiellen Wasserverlust aus einem mühsam aufgespeicherten Stausee (Massivwand) mit einem im Vorbeischwenken gefüllten Schnapsstamperl (Leichtstoff) vergleichen. Ein Unding – doch in der etablierten Bauphysik das Gelbe vom Ei.

Die stationäre Labormessung unterschlägt auch den Rhythmus der Wärmeeinspeicherung aus der täglich kostenlos im Massivbauteil eingespeicherten Licht- und Wärmestrahlung der Bauwerksumgebung und der Sonne sowie die nächtliche Auskühlung. In Wirklichkeit kann die massive Bauweise wesentlich größere Energiemengen einspeichern, kann diese logischerweise auch länger zurückhalten und damit den Zuheizbedarf von innen viel besser absenken, als die speicherlose Leichtbauweise.

Diese Tatsachen gelten freilich auch beim In-sich-Vergleich von Massivbaustoffen. Es ist also aus Sicht des Energiesparens und der Verwertung der kostenlosen Solar- und Umgebungsstrahlung geradezu grandioser Blödsinn, die Top-Eigenschaften des traditionellen Massivziegelmauerwerks (vulgo Backsteinmauerwerk) durch allerlei Löcherei bis hin zum polystyrolgestopften Porenleichtziegel zu verschlechtern, durch komplizierte Hohlmauerkonstruiererei im Sinne skurriler Wärmeleitungshypothesen der Gewerbeschullehrer des 19. Jahrhunderts zu konterkarieren oder mittels angeblich preisgünstigerem Großblockgeklebe zu degenerieren. Nicht nur in energetischer und wirtschaftlicher, sondern auch in schall-, feuchte- und tragwerkstechnischer Hinsicht. Punktum.

Das direkte und diffuse Sonnenlicht heizt nicht nur das Bauwerk von außen auf, sondern kommt durch die Fenster und erwärmt innen die gesamte Bausubstanz. Dabei wird das Sonnenlicht von den beleuchteten Materialien in infrarote Wärmestrahlung umgewandelt. Sie kann schon einfaches Fensterglas nicht durchdringen.

Prof. Meiers alternative U_{eff}-Werte für Baustoffe und Fenster berücksichtigen die tatsächlichen Verhältnisse weitaus besser als alle Normutopien und entsprechen damit mehr der Realität. Daraus folgen viele Korrekturen der genormten Wärmebedarfsberechnung. Auf dieser Rechenbasis kann die Anlagentechnik (Kessel, Pumpe, Leitungen, Strahlflächen) kostengünstiger geplant und betrieben werden.

Auch der sinnlos teure Dämmstoffverbau und Fensteraustausch kann entfallen. Wenn wirklich zusätzlich gedämmt werden muss, wie beim nachträglichen Dachausbau, nützten nur massive Baustoffe wie Holz und Ziegel etwas. Sie können die für den Wärmetransport maßgebliche Wärmestrahlung tatsächlich durch Absorption und Speicherung

„dämmen". Die luftig-leichten Isolierstoffe aber, das zeigten unser „Lichtenfelser Experiment" (s. u.) und viele Untersuchungen an vergeblich gedämmten Bauwerken schon vor Jahren, bieten dem Wärmeverlust von innen kaum Widerstand, nässen schnell auf und vermindern an Fassaden die kostenlose Aufnahme von Solarenergie. Folge: Erhöhter Energieverbrauch, keinerlei Ersparnisse, Bauschäden durch Absaufen der Dämmstoffschichten.

Fazit: Zum Energiesparen müssen wir an der Energieerzeugung und -verteilung ansetzen, ohne die Räume hermetisch zu versiegeln. Die auf Normfehler vertrauende Bauphysik, falsche Heiz-, Dicht- und Dämmtechnik haben unsere Häuser zu Schimmelzuchtanstalten verwandelt, verschwenden Energie und machen die Bewohner krank. Der Korrekturbedarf ist offenbar.

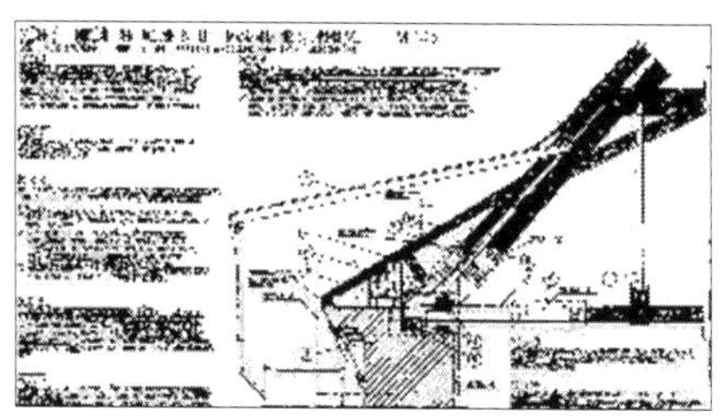

Cistercienserinnen-Abtei Waldsassen: Querschnittsgetreue Dachfußreparatur-Planung mit Arbeitsplatz- und Gesimssicherung inkl. Gerüstverdachung. Damit kann die Baustelle am offenen Dach im Winter und bei Regen unbehindert laufen. Der neue Mauerkörper am Gesims ersetzt die originale Schwellenvermauerung als Gegengewicht für das barocke Kraggesims. Eintrag aller zugehörigen LV-Positionen. Damit kostensichere Angebotskalkulation und öffentliche Ausschreibung aller Arbeiten mit wirtschaftlich überzeugendem Ergebnis.

B) TRAGWERKSPLANUNG/ STATIK

Die auch in der Tragwerksplanung im Altbau gewöhnliche DIN-Übererfüllung aus Haftungsangst[7], fachlicher Unsicherheit und dank Einflüsterung der Bauindustrie kostet viel Geld, kann aber technisch unsinnig, übertrieben substanzvernichtend und selbst schadensauslösend sein. Bautechnisch

7 Ausnahme: Bauteil- und Baustellensicherheit!

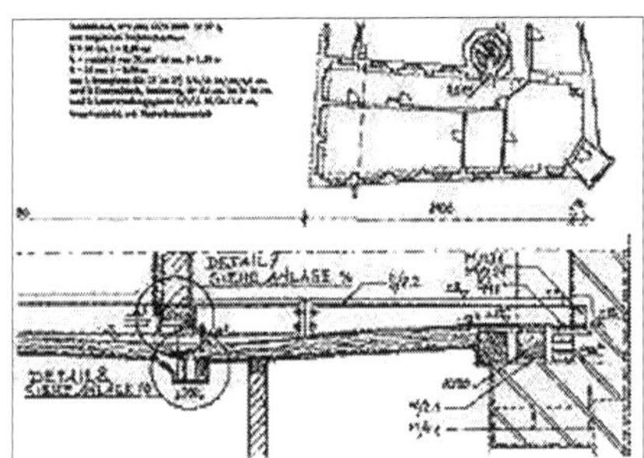

Weißenfels-Geleitshaus: Deckenverstärkung mit Stahlträger – verformungsgetreu

sinnlose, aber kostentreibende Normenreiterei sollte deswegen zugunsten des Bauherren und seines alten Bauwerks vertraglich abbedungen werden – wer wollte das verbieten?

Technisch unsichere Planer haben davor aber Angst. Selbstverständlich schmilzt durch „einfaches" Bauen" – ohne Gürtel und Hosenträger – auch das baukostenabhängige Planungshonorar dahin. Die zusätzliche Anstrengung für substanzerhaltendes und damit kostengünstiges Bauen wird aber durch technisch/gestalterisch und damit auch wirtschaftlich mitverwendete Bausubstanz honorabel. Dafür sieht unsere altbaugeeignete Honorarordnung Regelungen[8] vor – zusätzlich zu den bekannten Zuschlägen für Umbau, Modernisierung, Instandsetzung/-haltung und den zutreffenden Honorarzonen und -sätzen, die auch bei totaler Altbauverwüstung greifen. Und die auch Gebäude- und Fachplaner gerne einsacken, selbst wenn sie weder qualifizierte Kostenermittlungen noch VOB-gerechte Leistungsbeschreibungen auf Grundlage entsprechender Detailklärungen liefern (können).

Ein Tragwerksplaner im Bestand benötigt nicht nur Rechenfertigkeit für Normtabellen, sondern konstruktives Geschick und angemessenes Risikobewusstsein. Auch mit handgezeichneten und handbeschrifteten Planzeichnungen ist die Kommunikation mit den Baubeteiligten möglich. Und zwar oft wesentlich besser als mit undurchsichtig nackerten und im Sinne der Dreitafelprojektion un-

8 z. B.: HOAI §§ 10.3a (mitverarbeitete Bausubstanz) und 15.4 (Schutz vorhandener Substanz).

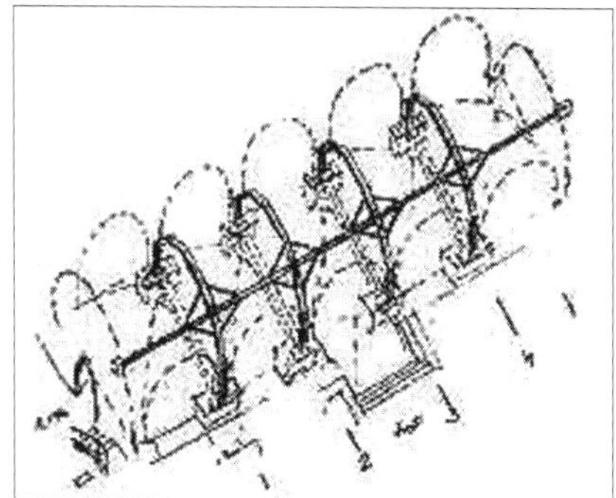

Neuenburg-Weinmuseum: Substanzschonende Gewölbeertüchtigung durch bestandsgenau eingepasste Stahlbinderkonstruktion. Es macht schon Sinn, architektonischen Denkmalverstand auch in der Tragwerksplanung freien Raum zu geben und die Fachplanungen „im Paket" zu erbringen. Und bringt dem Bauherrn nicht nur technische, sondern eben auch wirtschaftliche Vorteile.

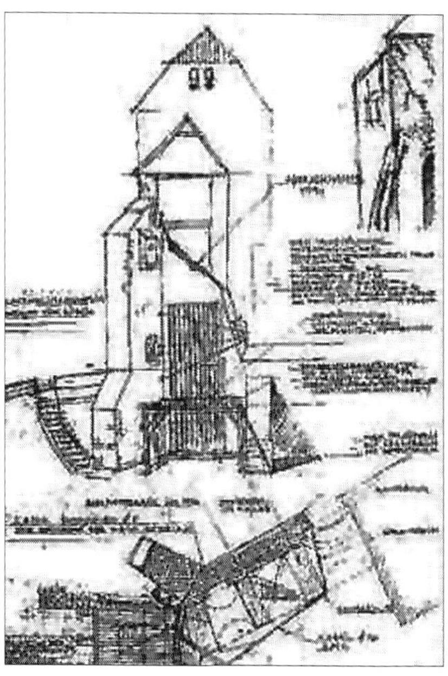

Neuenburg-Westtorhaus: Bauvorbereitende Sicherung absturzgefährdeter Fassadenbauteile durch Rundholzverbau. Nachfolgende Wandsicherung durch kostengünstigen und bestandsschonenden „reversiblen" Mauerpfeiler.

vollständigsten Stricheleien aus dem zeichenknechtbedienten CAD-Programm.

Die informellen Verluste aus hier nicht gerade seltenen Unzulänglichkeiten muss dann meist der Gebäudeplaner und Bauleiter ausbaden – ohne Zusatzhonorar. Vergleiche zeigen immer wieder die unfassbaren hohen Unterschiede bei den Stundenerträgen von Statikern und Architekten. Kein Wunder, wenn all die Konflikte aus der konstruktiven Umsetzung der Tragwerksplanung nicht in der bestandsgetreuen Detailzeichnung, der genauen Kostenberechnung, und detailliertesten Leistungsbeschreibung statikerseits hundertprozentig gelöst, sondern dem gutmütigen Architektentropf aufgehalst werden.

Auch historische **Tragwerke** kann man auf **Weiterverwendung** außerhalb vernichtender Normberechnung experimentell **testen** und so die wahren, bestandserhaltenden Rechengrößen ermitteln.

Deswegen macht es durchaus auch zur Minderung der Organisationskonflikte und Koordinationsreibereien guten Sinn, wenn ein Gebäudeplaner mit ausreichend konstruktiver Vorstellungskraft und verschärftem Zeichentalent in seinem Büro auch die Tragwerksplanung (Statik) und Haustechnikplanung überwiegend miterledigt (Variante, die echtes Geld spart – dem Planer und dem Bauherrn). Externe Spezialisten braucht es dann nur noch für Spezialfragen. So jedenfalls meine Erfahrung.

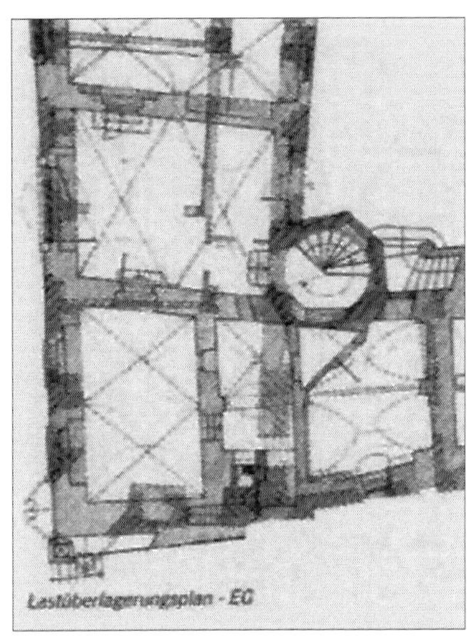

Weißenfels-Geleitshaus: Lastüberlagerungsplan als geometrische Projektion der in die Decken- und Wandkonstruktionen eingeleiteten Lasten. Die Farbtiefe und Schraffurdichte bildet die jeweilige Belastungssituation ab. Diese Bestandsdarstellung dient dem Tragwerksplaner zur gezielten Schadensbeurteilung und technisch sowie wirtschaftlich angemessenen Tragwerks-Reparaturplanung.

Damit kann es auch besser als bei altbautechnisch nicht selten recht unbedarften Allerweltsstatikern gelingen, dass die **kostensparenden Grundsätze der relativen Statik** angewendet werden:

- Tragwerksplanung nur nach klarer Bestandsanalyse auf Schadensursache und Mitverwendbarkeit
  - Freilegung
  - Konstruktionsprobebelastung
  - Lastüberlagerungszeichnung
  - Risskartierung
  - Verformungsgetreues Aufmaß nach Erfordernis
- Sicherung des originalen Tragsystems durch sparsame Reparatur der defekten Teile im erforderlichen Umfang; somit relative Erhöhung der Standsicherheit zum (stehen gebliebenen!) Bestand
- baustoffsichere und deswegen dauerstabile Konstruktionsgestaltung im Respekt vor Bestand
- Beratung zur Bauwerksnutzung unter wirtschaftlich-technischer Berücksichtigung der Bestandstragfähigkeit
- Durchsetzen von Ausnahmen gem. EnergieEinsparVerordnung EnEV, giftigem Holzschutz und anderen „Bauvorschriften"

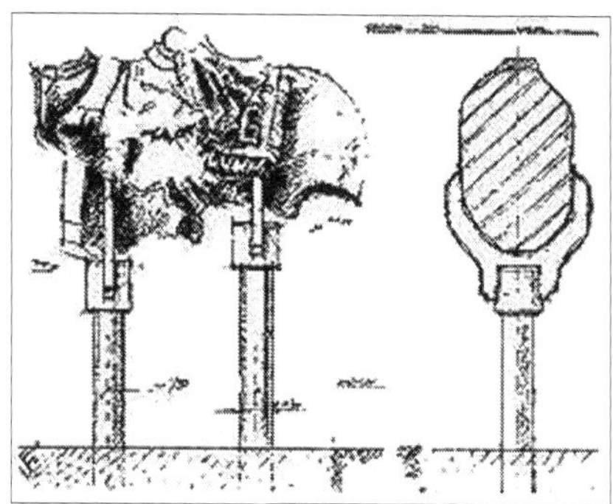

Neuenburg-Hofgestaltung: Sonderplanung Bronzefuß für Skulpturenfragment

Das Graitzer Torhaus in Marktzeuln – von der Ruine zum alten Schick – ohne Normenhörigkeit zu dennoch modernem Standard, ohne Kostenüberschreitung dank sorgfältigem Vorprojekt, dafür zu HOAI-Honorar.

- kein kostentreibendes Festkleben an Normen, sondern konstruktive Suche nach gleichwertigen, aber wirtschaftlicheren und bestandsverträglicheren Lösungen
- stressfreie Integration der Gebäudeplanung und Haustechnik in der Tragwerksplanung inkl. rechnerischem/prüffähigem Standsicherheitsnachweis
- nicht unbedingt formalistisch-normenhörige Heranführung und Veränderung der Altkonstruktion an neue DIN
- leistungsgerechte Vertragsgestaltung auch hinsichtlich Ausnahmen/Befreiungsbedarf
- echt notwendige Ergänzungen an unterdimensionierten, geschädigten Altkonstruktionen nicht ausgeschlossen
- inkl. echt VOB/A-getreuer Leistungsbeschreibung mit zeichnerischer und textlicher Klärung aller statisch verursachten Bauleistungen in den betroffenen Baugewerken als vertragsgerecht erfüllte Planungsgrundleistung – offenbar ein Ding der Unmöglichkeit für alle Statiker mit Knopfdruckplanung und Stücklistenlieferung.

Will der Planer aber unbedingt den „Stand der Technik" erreichen, fällt er oft auf Versprechungen des bauindustriellen Marketings herein, folgt den normgestützten externen Fachplanern, die jeder für sich alles daran setzen, möglichst hohe anrechenbare Kosten und davon abhängige Honorare für ihr Gewerk zu erzielen. Und der Gebäudeplaner kann sich dann darauf berufen, dass ja nur diese Tragwerks- und jene Heizungsnorm erfüllt werden mussten – was leider, leider teurer als gedacht wird. Krokodilstränen zuhauf. Es kostet ja nur das Geld des sparsamen Bauherrn. Jetzt hat ihn der Billig-Planer in der Kiste, und er kommt aus dem Würgegriff der Baukostensteigerung nicht mehr raus. Hau-drauf-Planung im

Gleichschritt mit den standardverliebten Haustechnikplanern und normbrutalen Statikern anstelle Substanz und Kosten sparen.

TIPP zur **Kostenexplosion**: Fachplaner niemals in die Schranken verweisen! Der Bauherr wollte es ja nicht anders. Das Honorardrücken wird so inklusive Zinseszins heimgezahlt.

5. ALTBAUGEEIGNETE REPARATURVERFAHREN UND ALTERNATIVEN ZU ZERSTÖRERISCHEN SANIERVERFAHREN UND FALSCHER BAUPHYSIK

Mephistopheles:
Du weißt wohl nicht, mein Freund,
wie grob Du bist.

Baccalaureus:
Im Deutschen lügt man,
wenn man höflich ist.

Johann Wolfgang von Goethe,
Faust 2. Teil, 2. Akt

KLIMASCHUTZ UND DÄMMSTOFFIDEOLOGIE

FRAGEN UND ANTWORTEN FÜR DEN ALTBAUBESITZER

Was begründet nun die immer mehr um sich greifende staatliche Regelungswut rund um das Energiesparen? Glühlampen-, Standby- und Fahrverbote, Urlaub nur noch zuhause, immer gemeinere CO_2-Steuern, hochsubventionierte Alternativenergie, Dämm- und Abdichtungszwang für alle Gebäude, lukrativer CO_2-Zertifikathandel auf unser aller Kosten – all das ist der sogenannten Klimaschutzpolitik geschuldet, greift in unser aller Leben ein und verspricht Rettung kurz vor dem drohenden Weltuntergang. Das „menschengemachte Treibhausgas“ Kohlendioxid soll als Klimakiller eine ungeheuerlich gefährliche Erhöhung der

„Globaltemperatur" bewirken, eine Gefahr wie der atomare Gau wird von den selbsternannten Umweltpolitikern beschworen. Ist das alles wahr und rechtfertigt auch die brutalsten Einschnitte in unser Leben? Oder ist es wieder mal ein neues Märchen der allzu bekannten – auf Bürgerabzocke und Kassenerfolg getrimmten – Verschwörung der krebsartig wuchernden Umweltadministration mit ihrer menschenverachtenden Wirtschaftslobby, der käuflichen Mainstream-Journaille in den Medien und all den sonstigen Helfershelfern und Abzockern? Geht es der CO_2- und Klimaschutzpropaganda folglich um Rettung des Globus aus einer von uns Menschen verschuldeten höchsten Not im – glaubt man den politisch anerkannten und gestützten Klimawissenschaftlern – wirklich allerletzten Augenblick oder um die verbrecherische und ultimative Maximalausbeutung und Unterdrückung der mit computersimulierten Bedrohungsszenarien und professioneller Panikmache verängstigten und wehrlosen Menschheit? Wir wollen auf die hier jeden Bauherren bedrängenden Fragen einige Antworten suchen.

Unser Klima ändert sich. Ist der Mensch daran schuld?

Seit die Erde sich dreht, fährt das Klima Achterbahn. Kalt- und Warmzeiten wechseln sich ab. Hitzeperioden und Schneechaos, Dürren und Überschwemmungen gehören zum ganz gewöhnlichen Wetter wie Tag und Nacht, Sommer und Winter. Das belegen sowohl alle Aufzeichnungen wie auch die sogenannten Geoarchive in Eisbohrkernen, Baumringen und abgelagerten Erdschichten. Im Mittelalter florierte der Weinbau sogar bis Norwegen, alte Hochwassermarken liegen wesentlich über unseren heutigen. Nur getürkte Computersimulationen konstruieren aus dem natürlichen Wetterwechsel ein menschengemachtes Problem, das in Wirklichkeit auf ganz natürliche Ursachen wie die Sonne, die kosmische Strahlung und die Erdumlaufbahn zurückzuführen ist.

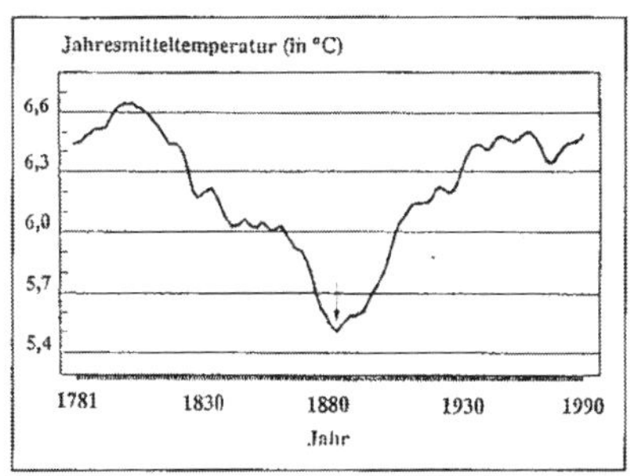

Entwicklung der Jahresmitteltemperatur der Station Hohenpeißenberg von 1781 bis 1990. In der Klimadebatte wählt man sich meist das Jahr 1880 als Ausgangspunkt.

(*Energiewirtschaftliche Tagesfragen*, Heft 8, 1993)

Wie unmanipulierte Messreihen der Lufttemperatur (Hohenpeißenberg u. a.), alle alten Hochwassermarken und der mittelalterliche Weinbau bis Norwegen beweisen, ist die angeblich globale Erwärmung nur ein Schreckgespenst: gut für die Verhaltensmanipulation der Bevölkerung, die Umsatzentwicklung der Rückversicherer, die Hochentrüstung unserer mitläufernd gleichgeschalteten Gutmenschen und die dem Volk abgezwungene künstliche Ernährung der profitierenden und krebsartig wuchernden Umweltadministration, Wirtschaftsbranchen und Wissenschaftler.

Die Psychologie des Menschen sucht seit Urzeiten bei allen dramatischen Wetterereignissen bei sich die Schuld. Unser Religionsbedarf hat auch darin seinen Ursprung. Früher mussten die Wettergötter erst durch Gebete, Flurumgänge, dann Flüche, Verleumdung, anonyme Anschwärzung, Menschenopfer und Wetterhexenverbrennung besänftigt werden. Heute muss dafür das von uns Klimasündern verursachte CO_2 herhalten. Die substanzlose Prognosekunst der Klimasimulanten muss mit Fug und Recht in die Rubrik Hofastrologie, nein schlimmer noch: Hexenjagd! eingereiht werden. So begünstigt diese Klimaapokalyptik staats- und bauherrenkassenleerende Subventionspolitik, Ökodiktatur mit unbegrenzter Unterdrückungsvollmacht, Steuerabzocke, bußgeldbewehrten Dämm- und sonstigen CO_2-Vermeidungszwang – mit ungeheuerlichen Folgen für unser Gemeinwesen und die einst mühsam errungenen Freiheiten zur Mobilität und Eigentumsnutzung.

Wie verhält es sich dann mit dem durch Klimakillergase verursachten Treibhauseffekt?

Auch hier widerlegen die Naturgesetze den menschengemachten Klimaschwindel. Erstens folgt der CO_2-Gehalt der Luft seit Urzeiten immer der Klimaerwärmung, auch kann er aufgrund seiner physikalischen Eigenschaften die Wärmestrahlung nicht wesentlich absorbieren – gestochen scharfe Satelliten-Wärmebilder der Erdoberfläche belegen das, außerdem wäre eine Bodenerwärmung durch die Abstrahlung aus den eiskalten Atmosphärenschichten ein Unding – ein kalter Heizkörper kann einen warmen ja niemals erhitzen.

Zweitens ist CO_2 viel schwerer als die Luft und nach den Messwerten in den oberen, arg verdünnten Luftschichten so gut wie gar nicht vorzufinden – wir kennen das vom bodennahen „CO_2-See“ in Gärkellern und Futtersilos.

Drittens wäre nur ein verschwindend geringer Anteil der sogenannten Treibhauswirkung auf menschengemachtes CO_2 zurückführbar: Nur 0,117 Prozent, um genau zu sein. Im Wesentlichen ist es nämlich der Wasserdampf, der in Wolkenform tagsüber die Sonnenstrahlen absorbiert und die Erde kühlt, dafür aber in der Nacht den Strahlungsausgleich mit dem extrem kalten Weltall verringert und die Erdoberfläche deswegen „wärmt“. Somit sind auch alle Treibhausgas-Vermeidungsstrategien pure Hirngespinste, selbst wenn wir alle menschlichen CO_2-Quellen durch weitere Selbstausrottung – der darwinismusgestützte Kolonialismus lässt grüßen – auf Null zurückfahren.

Macht es angesichts der ausgehenden fossilen Energien nicht dennoch Sinn, unseren Energieverbrauch drastisch einzuschränken?

Freilich ist Energiesparen sinnvoll, allein schon aus Kostengründen. Aber unsere Rohstoffreserven sind gar nicht so begrenzt, wie uns vorgespiegelt wird. Nach neueren Erkenntnissen – ausgehend von den sensationellen Forschungsergebnissen des Harvard-Professors Thomas Gold – bilden sich das Erdöl, Erdgas und die Kohle aus unerschöpflichen Gasreserven unter der Erdkruste ständig neu und füllen unsere Energiereserven immer wieder auf. Bohrungen unter das Urgestein und die Beobachtungen an den Förderstätten haben das inzwischen hinreichend erwiesen. Der Verknappungshype ist also gut für die unverschämte Preistreiberei der Energiemonopole, in der geologischen Wirklichkeit hat er – im Gegensatz zu der Lehrmeinung – allerdings keine Basis.

Die staatlichen Dämm- und Dichtvorschriften sollen unsere Bauwerke in Energiesparbüchsen verwandeln. Kann das funktionieren?

Der amtliche Dämmzwang erzwingt Pfusch: Die geforderten Dämmschäume, -gespinste und -steine kühlen nächtlich stark aus, saugen deshalb Kondensat und „saufen ab". Da sie wasserabweisend beschichtet sind und nur Dampf hereinlassen, die eingedrungene Feuchte jedoch mangels Kapillaraktivität nicht mehr hinaus, werden sie zu schimmeligen, veralgten Wasserfallen. Die Plastikfarben werden deswegen mit wasserlöslichen Giften[9] vermischt. Sind diese in den Vorgarten ausgewaschen, wuchern die Fassadenparasiten dennoch. Auch von innen ist die Konstruktionsdurchfeuchtung und Verschimmelung der Regelschaden. Sie soll nun durch Konstruktionsabdichtung (Dampfbremse, -sperre) vermie-

9 Fungizid, Algizid

den werden, funktionieren kann das aber nicht. Bauwerke, ihre Verbindungen und Fugen werden sich immer bewegen, die synthetischen Kleber, Abdichtungs- und Beschichtungsmaterialien nach einiger Zeit verspröden und ihre Dichtwirkung aufgeben – bis auf die Feuchteblockade zuungunsten der Bautrocknung. So baut man sichere Wasserfallen, vor allem in der besonders beweglichen Leichtbauweise und im Dach. Viele Dämmstoffe sind brennbar, trotz gifthaltiger Brandschutzausrüstung. Ganze Hochhausfassaden sind deswegen schon abgefackelt. Für die Bauqualität, Umwelt und Wohngesundheit bringt das alles nichts. Die ins geradezu Unheimliche angeschwollene Ökoadministration bedient damit sich und ihre Lobbyisten. Mit Pseudoargumenten und mit Hilfe der Medien steigern sie die menschliche Urangst vor dem Wetter bis zur Hysterie, um uns dann im Namen der Welterlösung auch wirklich jeden Zwang beizubringen. Das ist genau der tiefere Sinn unserer Lobbykratie.

Und wie steht es mit der Nachhaltigkeit?

Die Dämmbauweise ist kurzlebig. Etwa 80 Prozent der Leichtbauten sind dann als Sondermüll zu entsorgen, von der Brandgefahr ganz zu schweigen. Die feuchte- und windbedingte Bewegungsfreude von Holzkonstruktionen in Wand und Dach beansprucht die rissgefährdete Klebedichtung. Nässeschäden folgen. Auch die teuren Isoliergläser sind Wegwerfkonstruktionen – sie erblinden durch unausweichliche Innenkondensation. Besonders nachhaltig ist das nicht.

Die Energiesparbauweise ist hoch subventioniert. Wird sie dadurch wenigstens wirtschaftlich vertretbar?

Der amtliche „Gebäudewärmeschutz" bleibt trotzdem wirtschaftliches Harakiri. Die Investition rentiert sich nicht, selbst wenn sich die angeblichen Ersparnisse nach der Normtheorie einstellen würden. Die Praxis beweist aber immer wieder:

gedämmte Altbauten sparen gar keine Energie. Langzeituntersuchungen im gedämmten Baubestand und das „Lichtenfelser Experiment" (s. u.) haben nachgewiesen, dass Dämmstoffe aus Mineralwolle und Polystyrol gegen Temperatur veränderungen – und darum handelt es sich sowohl beim Heizen als auch beim sommerlichen Wärmeschutz – wenig bewirken und sogar den Energieverbrauch erhöhen können. Auch die Öko-Energien und Anlagentechniken zur Wärmerückgewinnung und Solarausbeute sind nur durch die Lockmittel Subvention und Zwangseinspeisung abzusetzen. Ihre Unwirtschaftlichkeit wird damit kaum gemildert, sie vegetieren als riskante Netzparasiten in der „normalen" Stromversorgung. All das ist in Fachkreisen bekannt, wird aber der pseudoökologisch vergackeierten Öffentlichkeit verheimlicht. Lieber blockiert man die Solareinstrahlung in Bauwerke durch Verpackungsmüll und läutet gleichzeitig das Solarzeitalter ein.

Wie sind die Empfehlungen und Berechnungen der Energieberater für den Energiepass einzuschätzen?

Ihre Grundlage ist der k- bzw. U-Wert, basierend auf der sogenannten Wärmeleitfähigkeit der Baustoffe. Diese wird im Labor im sogenannten Beharrungszustand bzw. im stationären Zustand bestimmt. Sowohl die vor dem Messbeginn unterschiedliche Aufheizdauer und eingespeicherte Heizenergie – klein bei speicherlosen Leichtstoffen, riesig bei speicherfähigen Massivstoffen – werden dabei unterschlagen. Auch der Tag-und-Nacht-Rhythmus mit seiner kostenlosen – nur von Massivbaustoffen sinnvoll verwertbaren – Einspeicherung von Solarenergie und Umgebungsstrahlung spielt im düsteren Labor keine Rolle. Folglich können dabei nur utopische (griechisch: u tópos – nicht Ort) Ergebnisse herauskommen. Dies beweisen auch alle unabhängigen Prüfungen und Vergleiche zwischen realem und U-Wert-berechnetem Energieverbrauch der Wohnungswirtschaft, aber auch die Untersuchungen des Bauphysikers Prof. Sorge am Nürnberger Rathaus. Die im Labor absichtsvoll getürkten Pseudomessungen bevorzugen die speicherlosen Dämmbaustoffe und die allmächtige Fertighauslobby. Mit dem tatsächlichen Energieverbrauch hat das freilich nichts zu tun. Deswegen bleiben die versprochenen ungeheuerlichen Energieersparnisse nach Dämmung aus. Für den Hausbesitzer heißt das: Nur der sogenannte Verbrauchspass – auf Basis des tatsächlichen Energieverbrauchs der letzten Jahre – bringt ein realistisches Ergebnis heraus. Demnach sind Altbauten eben keine Energieschleudern und der künstlich herbeigerechnete Bedarf nach Zusatzdämmung entfällt. Klar, dass alle Profiteure des durchtriebenen Rechenwerks dagegen aufbegehren.

Die Bauwerke sollen künftig noch dichter werden. Was heißt das für die Wohngesundheit?

In Wirklichkeit soll das geradezu krampfhaft übertriebene Dichten die zunehmenden Feuchteschäden der Barackenbauweise verringern. Die abisolierten, bestenfalls künstlich gelüfteten Räume machen die Bewohner aber krank. Neben der hohen Giftbelastung aus modernen Baustoffen bevölkern viel zu viele Milben, Keime, Schimmelpilze und Algen inzwischen fast jedes zweite Haus. So werden wir Weltmeister in Asthma und Allergie.

In Schweden soll die dichte Dämmbauweise doch glänzend funktionieren, stimmt das?

Von wegen. Erst musste dort jedes Einfamilienhaus gedämmt werden. Als es durchnässte, wurde Lüftungseinbau verordnet. Als darauf Bewohner an Allergieschocks starben, folgte die bisher letzte Zwangsverordnung: ständige Entkeimung der Lüftungsanlage durch Kammerjäger. Der Hausbesitzer zahlt's ja.

Nach dem Umweltmediziner Prof. Schata verursacht die dichte Bauweise jährlich 80 Millionen Mark gesamtwirtschaftliche Folgeschäden. Ist da was dran?

Die IFO-/RWI-Studie „CO_2-Minderungsstrategien" errechnet sogar gesamtwirtschaftliche Verwerfungen als Folge des verfassungswidrigen Behördenzwangs. Wenn man nur an den sinnlosen Energieverbrauch rund um den Dämmwahn denkt, an dessen Bau- und Gesundheitsschäden, erscheint das logisch. Die Prozesskosten, die Folgen von Dämmstoff- und Leichtbaubränden, die Sondermüllentsorgung, die Fassadenzerstörung durch Dämmstoffbeklebung und all die weiteren steuer-, industrie- und verkehrspolitisch kostenträchtigen Auflagen – das gehört ja noch dazu.

Wie sieht es dann mit dem ebenfalls vorgeschriebenen Austausch der alten Heizkessel aus?

Auch hier muss differenziert werden. Während es durchaus Sinn machen kann, die schon früher mit dem k-Wert total falsch berechneten und deswegen überdimensionierten Heizkessel gegen wirtschaftlicher arbeitende kleinere Kessel auszutauschen, gilt das keinesfalls für korrekt arbeitende Systeme. Sie liefern wirtschaftliche Wärme, ihre angeblichen Abgasverluste erhöhen die Kamintemperatur, schützen so vor kondensatbedingter Versottung und vermindern außerdem den Wärmebedarf der angrenzenden Räume. Werden sie nun gegen neue Kessel mit gedrosselter Abgastemperatur ausgewechselt, muss der komplette Kamin erneuert oder saniert und in den angrenzenden Räumen mehr geheizt werden. In Einfamilienhäusern zumindest kann niemals – und das zeigen alle ernsthaften und vollständigen Wirtschaftlichkeitsberechnungen

– durch Heizkostenersparnisse die für die Erneuerung eines funktionierenden Heizsystems insgesamt aufzuwendende Investitionssumme ausgeglichen werden.

Wie reagieren die deutschen Architekten auf diese Fehlentwicklungen der Bauvorschriften?

Unsere immer wieder schriftlich im Gesetzesverfahren und in Petitionen vorgetragene Kritik verhallt seit etwa 30 Jahren ungehört. Viele Branchen profitieren ja vom Investitionszwang. So versuchen sich auch manche Planer lieber als Klimaschutzapostel. Die Rechtslage zwingt uns aber, sich mit den gesetzlich vorgesehenen Ausnahmen vom Dämm- und Dichtzwang vertraut zu machen, um den Bauherrn pflichtgemäß wirtschaftlich und technisch zu beraten und im Ausnahme- bzw. Befreiungsverfahren gem. EnergieEinsparVerordnung EnEV (Paragrafen 16 und 17, ab 2008 24 und 25) sachgerecht zu betreuen.

Wo gibt es weitere Aufklärung zu diesem Themenkomplex?

In den etablierten Fach- und Massenmedien wird man danach vergeblich suchen. Zu groß ist da der Druck der Lobbyisten. Deswegen biete ich zur technischen Aufklärung der Bauwelt meine „Altbau und Denkmal Info“ im Internet: „www.konrad-fischer-info.de“. Dort werden auch die Energie- und Klimafragen ausgiebig behandelt. Außerdem gibt es Hinweise auf viele ergänzende Informationsquellen wie Links auf andere kritische Webseiten und Bücher weltweit. Sie können dem Besucher bei der Suche nach der Wahrheit vielleicht mehr nützen, als alle Propaganda der Klimaschutzlobbyisten. Die komplette Seite umfasst etwa 800 Textdateien mit weit über 1.500 Druckseiten und ist von A-Z kostenlos zugänglich.

Für den Bauherren heißt das im Klartext:

Die Dämm- und Dichtvorschriften der EnergieEinsparVerordnung EnEV werden zwar von speicherfähigen Altbauten ohne die bauphysikalisch, wirtschaftlich, technisch und gesundheitlich unsinnige Wärmedämmung nicht erfüllt – für den Altbau, seinen Bauherren, Bewohner und Planer bringt das aber nur Vorteile.

Nur ohne EnEV-Maßnahmen gelingt eine Energieeinsparung und bleibt das Haus gesund. Die das falsche und überteure Bauen geringfügig fördernden KfW-Kredite und CO_2-Spar-Pakete kann man sich beim kostensparenden Altbausanieren schenken. Ohne derartigen CO_2-Klimbim wird alles billiger und besser.

Gehen wir noch etwas ins Detail:

DER U-WERT OHNE SINN UND EFFEKT

Der U-Wert (früher k-Wert) gilt als Maß der Wärmeleitfähigkeit von Baustoffen, gute – also niedrige U-Werte – sollen Energiesparkonstruktionen auszeichnen. Soweit die Theorie. Zu den Fehlern bei der stationären Bemessung der Wärmeleitfähigkeit im genormten Verfahren[10] wurde schon fast alles gesagt. Doch es geht noch weiter:

Die Hyperbeltragik

Da der U-Wert als Rechenfunktion eine Hyperbel ist, steigert die Hyperbeltragik den Irrsinn der U-Wert-basierten Bauphysik noch mehr: Je dicker der Dämmstoff wird, umso geringer ist der Effekt für den U-Wert und den theoretisch davon abhängigen Wärmebedarf. Bei über 6 cm Dämmstoffdicke landet deswegen selbst bei Akzeptanz des U-Werts alles Dämmen im wirtschaftlichen Nirwana.

Das gesamte Hexenwerk der genormten Wärmebedarfsberechnung beruht folglich auf wissenschaftlichen und mathematischen Fehlern und sich selbst widerle-

10 Heizkastenverfahren

genden Unheimlichkeiten. Diese kaum noch zu steigernde Narretei erklärt das überall beobachtbare Abweichen der tatsächlichen Verbrauchswerte vom berechneten Bedarf mehr als genug, es braucht dafür kein „Nutzerverhalten", keine „Ausführungsfehler" und keine überraschenden „Wärmebrückeneffekte" – die üblichen Ausreden der Dämmscharlatanerie.

Aus rein bauphysikalischen Gründen sind die U-Wert-optimierten Fehlkonstruktionen vorprogrammierter Baupfusch mit dem oben beschriebenen Schadenspotenzial.

Das Lichtenfelser Experiment

Dass übliche Leichtdämmstoffe gegen Wärmedurchfluss – genauso wie ein poröser Staudamm gegen Wasser – kaum dämmen können, zeigt das aufsehenerregende Lichtenfelser Experiment. Erstmals wird dabei die Wärmedurchdringung von angeblichen und echten Dämmstoffen von der anderen Seite und unter systematischer Berücksichtigung der Anheizphase und Anheizenergie betrachtet. Hier das Ergebnis in einer Grafik:

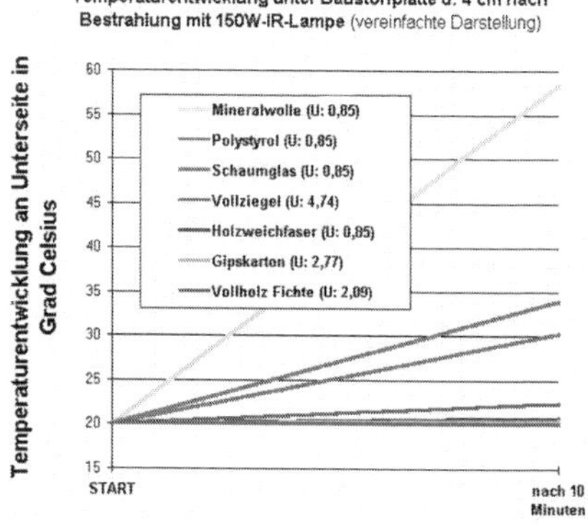

Das Lichtenfelser Experiment zeigt die Überlegenheit der klassischen Massivbaustoffe beim energiesparenden Bauen. Sie werden logischerweise von Wärme viel langsamer durchdrungen als die Leichtbaustoffe und halten diese selbstverständlich auch länger eingespeichert. Die geringfügig besseren Werte der gegenüber Vollziegel wesentlich leichteren Holzwerkstoffe erklären sich aus deren hohem Materialfeuchtegehalt. Das Porenwasser wird beim

Auftreffen der Wärmeenergie zunächst verdampft. Die Verdunstung bremst als momentaner Kühleffekt die Temperaturentwicklung im Baustoff. Die im traditionellen Holzblockbau durchschnittlich nur 9 bis 12 cm dicken Massivbohlenwände und auch die bis etwa 15 cm dicken historischen Fachwerkfassaden mit massiver Gefachefüllung wurden folglich von perfekten Energiesparmeistern gebaut.

Der Architekt Konrad Wachsmann belebte vor dem zweiten Weltkrieg die Blockbohlenbauweise für den Fertighausbau neu. Die mit ihm zusammenarbeitende Holzbaufirma Christoph & Unmack AG in Niesky, Oberlausitz, setzte nach bauphysikalischen Versuchen in der Universität Stuttgart und dem Sachverständigenausschuss für einheitliche Prüfung von Baustoffen in Dresden auf lediglich 7 cm Bohlenstärke für ihre überwiegend steil bedachten Vollholz-Fertighäuser. Damit kam die „Wärmehaltung der Außenwände ... einer 35 cm dicken ... Steinwand gleich."[11] Dummerweise dominierte später die Beton-, Dämm- und Flachdachkrankheit.

Tollenbrink-Vergleich

Einen weiteren Beleg gegen den Dämmwahnsinn bietet der Vergleich von nebeneinander stehenden Bauwerken mit und ohne Dämmung:

Ein von Prof. Jens Fehrenberg, FH Hildesheim und ö.b.u.v. Sachverständiger dokumentiertes Untersuchungsergebnis in Hannover, Tollenbrink 2a, 4 und 6: Die Heizkosten nach Fassadenbekleisterung des Appartementhauses 6 für 500.000 EUR mit einem WDVS zeigen sich im Vergleich zu den ungedämmt gebliebenen Nachbarn gleicher Bauart (alle ca. 2.200 qm² Wohnfläche) und langjährig gleichem Heizungsenergieverbrauch unbeeindruckt – Dämmung dämmt nicht!

11 Wohnhäuser aus Holz, Musterbuch W 2000, mit einem Vorwort von Prof. Ottomar Enking, Dresden, Selbstverlag Christoph & Unmack, Niesky 1940, S. 4

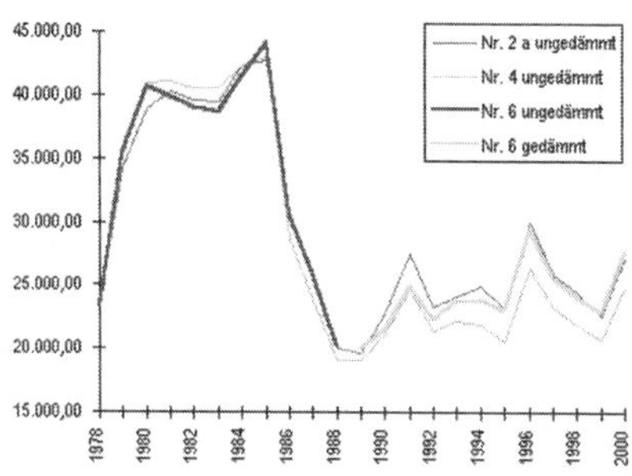

Doch nicht nur solche Praxisvergleiche im Wohnungsbau, die übrigens vorher schon bei der GEWOS-Studie und dem THERMA-Wettbewerb des Bundes bestätigt wurden, zeigen, dass die U-Wert-optimierte Bauweise ein sinnloses Unterfangen ist und bleibt:

Die Untersuchung des Fraunhofer Instituts für Bauphysik in Holzkirchen 1983

Die Ergebnisse einer Untersuchung schon von 1983 am Fraunhofer Institut für Bauphysik mit ihrer Bauforschungsabteilung in Holzkirchen an winterlich geheizten Versuchsbauten mit gedämmten und ungedämmten Wänden zeigen, dass Konstruktionen mit „guten" k-Werten (heute U-Werte) mehr Heizenergie verbrauchen, als sogenannte schlechte: k 0,15 (23 cm Dämmstoff vor der Wand), k 0,32 (10 cm Dämmstoff), k 0,46 (Ziegelwand ohne Dämmstoff).[12]

Energieverbrauch von Räumen mit verschiedenen Wandkonstruktionen

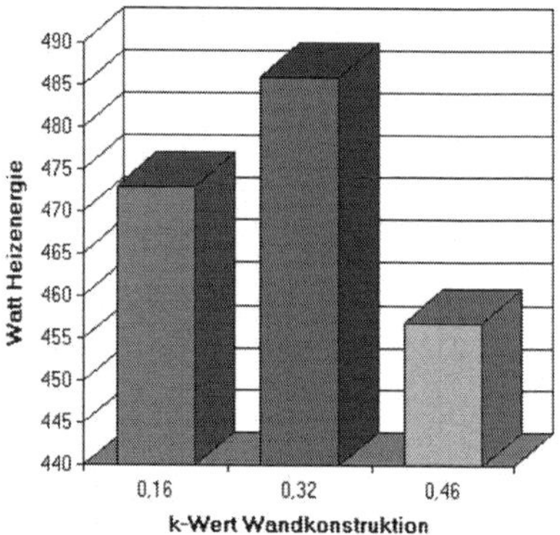

Die kruden Versuche des Fraunhofer-Instituts, dieses ungeheuerliche und in zwei Messreihen bestätigte Ergebnis durch eine phantasiereiche Wärmebrückendiskussion zu vernebeln, erspare ich Ihnen.

12 Grafik: Fischer, nach „Untersuchungen über den effektiven Wärmeschutz verschiedener Ziegelaußenwandkonstruktionen, Bericht über den 1. und 2. Untersuchungsabschnitt B Ho 8/83-II, Projektleiter und Verfasser Dr.-Ing. H. Werner, Holzkirchen, den 5. Juli 1983, Blatt 39, Bild 9: Gemessene mittlere Heizleistung in der Meßperiode Januar 1983", in der eine extrem gedämmte Wand (Raum 4a) in den Vergleich aufgenommen wurde.

Dass die Wohnbevölkerung trotz und wegen Klimatechnik an Allergien und Asthma verreckt, scheint die neuere Bauphysik nicht zu interessieren. Wie sich die Folgen der Barackenbauweise für die Rendite der Wohnraumbewirtschaftler bemerkbar machen, zeigt wieder mal Amerika. Dort gehen die Sick-Building-Prozesse mittlerweile ins Unermessliche. Auch hierzulande fallen die Raumluft-Messinstitute schon durch immer aggressivere Reklame auf. Bis zur Prozessbetreuung gehen ihre Dienstleistungen: Folge der mehr und mehr mieterfreundlichen Urteilspraxis unserer Gerichte. Da nützen auch die feinsten Filtertechniken in der Lüftungsanlage gar nichts, die zwangsläufig kondensierende Feuchte, der Feinstaub und die Krankheitserreger gehen durch! Wer mal nach einem Jahr in ein normales Abluftrohr reingeguckt hat, einen Abstrich daraus hat auskeimen sehen, kann es eigentlich kaum glauben, welch Unverschämtheiten das neuzeitliche Energiesparbauen den Kunden zumutet.

Wie es um die Zukunft unserer mit Schaumgespinsten verklebten Altbauten aussieht, zeigen die aktuellen Schäden:

Die entflammbaren Fassadenverpackungen verbrennen explosiv nach Erreichen der Zündtemperatur. Dabei sorgen die abtropfenden Dämmstoffreste für schnellsten Brandfortschritt im Wand- und Bodenbereich, die hochtoxischen Brandgase gefährden die Personenrettung und Flucht.

Die wachsende Reklame für Fassadenschabgeräte verrät, wo die gerissene, feuchtalgenverschimmelte Wandverpackung letztlich bleibt: im Sondermüll. Probleme bieten allerdings die immer besseren Zement-Kunstharzkleber und Dübel für Dämmstoffe: sie hinterlassen zerstörte Wandoberflächen. Alternative Sanierung bietet die Zementindustrie: Man flext die Dämmstoffpackung im

Fliesenmuster auf, versucht die Trocknung der sollgemäß absaufenden Dämmung (Höchstwerte bei praktischem Feuchtegehalt, ca. dreißigmal höher als ein Ziegelstein!) und verputzt mit patentiertem Zementmörtel. Ob das die ökogerechte Lösung ist?

Nach der Fassadenbeklebung mit resonanzsteigernden Vorsatzbeschichtungen kann der Schallschutz auch guter Massivwände um bis zu 10 db schlechter werden, eine wahre Freude an verkehrsreichen Wohnstandorten.

Thermographie mit der Wärmebildkamera

Ja aber, werden sich einige Leser jetzt fragen, beweist nicht die bunte Thermographie der Fassade den gigantischen Vorteil der Wärmedämmung mehr als ausreichend? Wie ist es mit den Wärmelecks? Was geht hier vor sich? Ganz einfach: Am Tag werden Dämmsysteme wesentlich heißer als speicherfähige Massivbauteile. Deswegen rückt der Thermograph lieber nach Mitternacht an: Dann strahlen die Massivbauteile ihre täglich eingespeicherte Wärme gemütlich wieder ab und geraten so gut wie nie unter die winternächtliche oder sommerliche Außenlufttemperatur. Damit kann auch kein Kondensat aus abkühlender Außenluft aufgenommen werden. Die nicht speicherfähigen Dämmstoffe hingegen sind sofort nach Wegfallen der Sonnenstrahlung eisekalt, geraten flugs und jede Nacht unter die Außenlufttemperatur und speichern sommers und winters Unmengen Kondensat ein, das sie mangels Kapillartrocknungsfähigkeit kaum mehr abgeben. Auf der raffiniert manipulierten Wärmebildaufnahme von Mitternacht bis in die Frühe sind die Massivwände deswegen deutlich wärmer – rot bis gelb – als die ausgekühlten und nassen Dämmfassaden – grün bis blau. Mit irgendeinem Wärmestrom von innen nach außen hat die Wärme auf der Wandfläche also rein gar nichts zu tun.

Immer wieder kann man bei genauerer Betrachtung der primitiven, aber beim vertrauensseligen Publikum grausam perfekt wirksamen Wärmebildpropaganda erkennen, dass vor der dunkelblauen Dämmfassade beispielsweise massivhölzerne Klappläden immer noch heiß abstrahlen. Allein ein solcher Befund widerlegt den ganzen Thermographieschwindel.

Dass hier und da ein paar Fensterfugen Gott sei Dank noch etwas feuchte Warmluft abblasen und sich bei dünneren und nächtlich dank Absenkung des Heizbetriebs ausgekühlten Wänden früh auch heiß donnernde Heizkörper abzeichnen können, belegt keinen Bedarf nach mehr Wärmedämmung!

Langer Rede kurzer Sinn: Finger weg von sinnlosen, unwirtschaftlichen, gefährlichen und krankmachenden Dämm- und Dichtbauweisen.

DIE BEFREIUNG VON DER ENERGIEEINSPARVERORDNUNG EnEV

Um die Ausnahme gem. § 16, ab 2008 § 24 bzw. Befreiung gem. § 17, ab 2008 § 25 EnEV zu erreichen, sollte sich der Bauherr an geeignete Sachverständige wenden, die das bedenkenlose Erfüllen der für das Bauwerk, die Bauherrenkasse und die Wohngesundheit nachteiligen Vorschriften nicht als ihre ureigenste Pflicht ansehen. Wesentlich sind dabei die Ausnahme für Baudenkmale sowie die Befreiung bei nachgewiesener Unwirtschaftlichkeit der Maßnahmen nach EnEV. Bei Baudenkmalen wird der antragstellende Bauherr von den Denkmalbehörden meistens unterstützt, da sie das Objekt vor unsinnigen, zerstörerischen und nachteiligen Veränderungen schützen wollen. Die Befreiungsvoraussetzu ngen, sie gelten für alle Bauwerke, lassen sich regelmäßig durch eine Gegenüberstellung der (angeblichen) Ersparnis gem. EnEV mit den Kosten für das EnEV-gerechte Dämmen und Heizkesseltauschen nachweisen.

Etwas Rechenaufwand für die alternativen Wärmebedarfsberechnungen, eine Kostenschätzung der EnEV-Maßnahmen und eine darauf aufbauende Wirtschaftlichkeitsberechnung liefert meistens den gutachterlichen Nachweis für das Vorliegen der Voraussetzungen für die Inanspruchnahme der EnEV-Befreiung.

Nach meiner bisherigen Erfahrung genügt dann für die Befreiung die damit ausstellbare sachverständige Bescheinigung. Das jeweils erforderliche Nachweisverfahren und die Beteiligung eines Sachverständigen sollte der Bauherr vorher mit der Genehmigungsbehörde abstimmen, um Enttäuschungen zu vermeiden. Seine Interessen können im persönlichen Gegenüber meist wesentlich besser vertreten werden, als bei der Beschränkung auf den Schriftweg. Ein gegengezeichnetes Gesprächsprotokoll kann dabei nicht schaden, um einer solchen Absprache mehr Rechtssicherheit zu verleihen.

DER ENERGIEAUSWEIS/ ENERGIEPASS

Die im neuerdings vorgeschriebenen Energiepass vorgesehenen Bewertungsmaßstäbe für die Baukonstruktion beruhen auf der trügerischen U-Wert-Berechnung und benachteiligen dadurch alle Massivbaukonstruktionen. Hier ist zunächst anzuraten, den sogenannten Verbrauchsausweis zu bevorzugen. Er beruht auf dem tatsächlich angefallenen durchschnittlichen Energieverbrauch und entspricht den Tatsachen. Muss dennoch der sogenannte Bedarfsausweis angewendet werden, sollten zumindest die realitätsnäheren U_{eff}-Werte nach Prof. Dr.-Ing. habil. Claus Meier anstelle der U-Werte angesetzt werden. Damit fließen die tatsächlich gegebene Speicherfähigkeit der Bauhülle und die damit günstigeren Verbrauchswerte in die Berechnung mit ein. Da die U-Wert-Bedarfsberechnung lt. DIN eingestandenermaßen nur Näherungswerte liefert, dürfte es einem echten Sachverständigen kein Problem bereiten, hier pflichtgemäß – der Bauherr bezahlt das ja und will sein Geld bestimmt nicht für Lügen und ihn benachteiligende Rechenfehler verbraten – nachzubessern und die falschen Berechnungsverfahren wesentlich besser an die Wirklichkeit anzunähern.

BAUPHYSIK DER FEUCHTE UND DES SCHIMMELBEFALLS

DAMPFDIFFUSION UND KAPILLARTRANSPORT

Auch die werbende Angabe irgendwelcher Dampfdiffusionswerte für Baustoffe an Dach und Wand ist eine markttypische Irreführung der Bauindustrie, ihrer vielen Helfershelfer und gleichgeschalteten Mitläufer:

In gegenüber der Nachtluft kühleren Fassadenbauteilen wie dem Wärmedämmverbundsystem liegt schon ab ca. 65 % relativer Luftfeuchte die fast jede Nacht einkondensierende bzw. durch kapillaraktive Rissnetze und Fugen bei Regen eindringende Feuchte immer flüssig, nicht dampfförmig vor. Und das entgegen der genormten Auslegung des Glaser'schen Berechnungsverfahren vorwiegend im Sommer, bei maximaler Luftfeuchte und höchstem Niederschlagsaufkommen.

Grund ist die sog. Wasserstoffbrückenbindung der H_20-Moleküle. Als polar geladene Dipole docken ihre positiven H-Ionen an negative O-Ionen an, soweit ihre temperaturbedingte Bewegungsenergie dies nicht verhindert. Wir alle wissen, welche Energie es braucht, um flüssiges Wasser wieder in dampfförmigen Zustand zu versetzen. Wo soll nun diese Energie in den etwas weiter drinliegenden Baustoffporen herkommen?

Eingedrungene Feuchte reichert sich dann in den porigen Baukonstruktionen an und bleibt darin eingesperrt, wenn ihre Kapillaraktivität nicht bis zur Außenluft reicht.

Dagegen hilft auch kein wasserabweisender Kunstharzputz, keine Silikonharztunke und keine Hydrophobierung, die alle als Kapillarsperre und Trocknungsblocker funktionieren.

Was man also wissen muss, um Bauteilauffeuchtung zu verhindern: Der Feuchtetransport in Baustoffen findet im Verhältnis 1000:1 kapillar durch die Porensysteme, nicht in Wasserdampfform als Dampfdiffusion statt. Prüfen Sie deswegen die Werbeversprechen der Beschichtungsindustrie kritisch und lassen Sie sich nicht mit betrügerischer Verkürzung des wahren Sachverhalts abspeisen. Empfehlenswert sind folglich nur Beschichtungssysteme, die die kapillare Trocknung nicht behindern. Traditionelle Kalktünchen ohne feuchterückhaltende Zellulosen sowie synthetische bzw. kapillarporenverstopfende Polymer-Untermischungen gehören selbstverständlich dazu.

KAMPF DEM SCHIMMELPILZBEFALL

Gegen Schimmelpilzverseuchung als Folge des Abdichtens, Dämmens und lufterhitzender Konvektionsheizung ist ein Altbau nur geschützt, wenn traditionell bewährte Bau- und Haustechnik eingesetzt wird. Die Verdächtigung nicht vorhandener Wärmebrücken als Schimmelursache begünstigt Fehlkonstruktionen – inklusive Schimmel! Eine Balkonplatte ist nämlich ein Massivabsorber, eine Außenwandecke speichert besonders viel Solarenergie! Thermoaufnahmen, die ja nur die Abstrahlung der sichtbaren Fläche abbilden, nicht deren Durchströmbarkeit mit Wärme von innen, können das sichtbar machen.

In dank Blower-Door und superdichten Isofenstern – dafür reicht schon die einfache, geschweige denn dreifache Gummilippendichtung – hermetisch abisolierten Wohnräumen kann gerade bei Konvektionsheizung mit Nachtabsenkung die Raumhülle ausreichend abkühlen, um die Tropfenkondensation bis zur filmartigen Anlagerung und letztlich Porenfüllung zu ermöglichen. Vorzugsweise an Raumkanten und Zwickeln, die vom konvektiven Heizluftstrom nicht erreicht werden und deswegen immer etwas kälter bleiben. Mit den bis zum Erbrechen beschworenen Wärmebrückeneffekten hat das selbstverständlich nichts zu tun. Die geradezu tolldreiste Empfehlung der „Stoßlüftung" zur Schimmelabwehr erreicht genau das Gegenteil des Gewollten: Der dabei einfließende Kaltluftsee kühlt die Problemzonen noch weiter herunter, die Kaltluft kann das schon vorhandene Porenwasser nicht zur Verdunstung anheizen, und vor dem Stoßlüften ist alle Überschussfeuchte schon sicher in die Außenwände gerutscht.

Ein weiterer Zusammenhang ist dabei freilich zu beachten: Bei Mischbauweisen aus Mörtel, Steinen, Beton und anderen Wandbaustoffen unterschiedlicher Rohdichte und Wasserrückhaltung (sog. „praktischer Feuchtegehalt") werden die massiveren und feuchteren Baustoffe weniger schnell vom Heizsystem aufgeheizt, als die leichteren und trockneren Stoffe. Kommt es nun raumseits zu überhöhter Luftfeuchte, lagert sie sich vorzugsweise an den kühleren und schwereren Bauteilen ab: Man sieht als Ergebnis feuchte und bald auch staubverschmutzte Mörtelfugen oder Betonteile neben weniger verschmutzten „Leichtbaustoffen". Auch Fogging – die plötzliche Verschmutzung von Flächen – gehört in diesen kondensatabhängigen Komplex.

Gegen all diese Phänomene hilft natürlich keine Außendämmung, wie alle Schwachverständigen empfehlen, sonder nur besseres Lüften und stetiges, strahlungsintensives Heizen ohne Nachtabsenkbetrieb. Auch das Material der gefährdeten Baubereiche spielt eine wesentliche Rolle: Tapeten, saure Dispersionsanstriche, geleimte und zellulosehaltige Wandbeschichtungen bieten unliebsamen Pilzen die besten Wuchsbedingungen als nährstoffreiches Substrat und als feuchteanstauende Schwarte. Dahingegen wirken alkalisch-fungizide Baustoffe wie Kalkmörtel und Kalktünche, aber auch grundsätzlich schimmelwidriges Naturholz den Schimmelpilzen viel schlechtere Karten, da sie auch unter ungünstigen Bedingungen viel besser trocknen.

In stark beanspruchten Nassräumen (Bad, Dusche, Küche, Waschraum, Lebensmittelproduktion und -lager) sind deswegen größere Kalkputzflächen und Naturholz schimmelvermeidend, Fliesen und Dispersionsanstriche schimmelfördernd. Ein Einfachfenster als Sollkondensator und mit ausreichender Fugendurchlässigkeit wäre in überfeuchten Räumen gleichfalls eine simple und kostengünstige Waffe gegen Schimmelbefall.

Natürlich kann auch ungewollte Wasserzufuhr aus Leitungslecks, Einregnen, undichte Kaminanschlüsse oder stauende Grundleitungen zu Schimmelbildung führen. Entsprechend sorgfältige Untersuchung der tatsächlichen Feuchteursachen ist geboten. Denn eines ist gewiss: Schimmel braucht Feuchte. Für Holzschädlinge wie Insekten und Pilze gilt das Gleiche. Was hilft? Abstellen der ggf. externen Feuchtequellen, sonst wie vorstehend.

Wie kann der Schimmelbefall kostengünstig und sicher beseitigt werden?

Das geht meist mit einfachsten Bordmitteln der Hausfrau: Abreinigen mit einem Schwamm, ausreichend getränkt mit Haushaltsspiritus (Vorsicht Feuer- und Explosionsgefahr, nicht Kleinkindern als Rauschmittel einflößen!). Der Alkohol entwässert den Schimmelpilz bis in den Putzgrund und verdunstet das Wasser rückstandsfrei (Dehydrierung). Dabei sterben alle Mikroorganismen, die Wand wird aseptisch keimfrei. Danach mit schimmelwidriger und bitte schön vollkommen ungiftiger Farbe (s.o., es gibt auch Spezialfarben im Handel) neu beschichten. Durchschimmelte und abgelöste Tapeten selbstverständlich erneuern, Untergrund mit Haushaltsspiritus entkeimen.

Ansonsten bitte die weiter oben gegebenen Hinweise zur Schimmelvermeidung künftig beherzigen: Richtig und stetig heizen, richtig und stetig lüften. Doch Vorsicht: Extreme Fälle brauchen für die Schimmelbeseitigung den Experten mit entsprechender Arbeitsschutzausrüstung.

DIE AUFSTEIGENDE FEUCHTE

Der Feuchtemarkt war bis zur Dämmoffensive die Hauptquelle der Baubetrüger und liefert auch heute noch genug Dukaten: Erst fundamentbefeuchtende Drainage, dann feuchteeinsperrender Asphaltanstrich, dann kondensatfördernder Luftkanal am Sockel und Röhrcheneinbau im Wandquerschnitt, dann wunderlichste elektroosmotische Entsalzungsanlagen, dann Sanierputz, dann Mauersäge, dann Verpressung mit Wasserglas, dann Gift-Silikonsuppe, dann Heizstab und Paraffin, dann alles wieder von vorne?

Da sind einem fast die allseits verteufelten Zauberkästchen mit ihrer Inanspruchnahme kosmischer Energie lieber. Sie machen wenigstens nicht so viel kaputt – ein Nägelchen genügt oft – und sind verhältnismäßig preisgünstig. Ob sie wirken? Mindestens so wie die anderen grundsätzlich unwirksamen Techniken, doch ohne jegliche Nebenwirkung[13]. Die anlagentechnisch[14] und baukonstruktiv (z. B. Leitungsinstandsetzung, Lehmabdichtung, Verputz mit Luftkalkmörtel) sinnvollen Entfeuchtungsmaßnahmen müssen die tatsächliche Schadensursache berücksichtigen. Daran hapert es doch meist, auch bei doktorengestützten „Analysen" und institutsbesiegelten Datenpfunden aus dem Atomgerüst der Ursubstanz des Bauwerks.

Ein gutes Anschauungsbeispiel liefern auch Wassermauern an Brücken, Hafenbecken, Uferbefestigung. Wer dort aufsteigende Feuchte entdeckt, soll sich bei mir melden. Ich suche sie schon über dreißig Jahre vergebens.

Gegen die nur angeblich „aufsteigende" Feuchte im Keller und am Sockel, in Wirklichkeit meist Kondensat, drückende Feuchte durch Geländegefälle zum Haus oder aus undichten Grundleitungen und salzbedingter (Streusalz, Fäkalsalze, Stallnutzung usw.) Hygroskopie kann die sinnlose Mauerwerkszerstörung durch allerlei Horizontalisolierung mittels Bohrloch-Injektagen, Riffel- und Rammblechen, Elektroosmosereien usw. folglich nichts helfen.

Auch der beliebte „flankierende" Saniersperrputz – ein wasserabweisender (hydrophober) Trocknungsblocker und treibmineralbildender Zementmörtel – darf eingespart werden. Er dient einige Zeit als raffinierte Kaschierung des Trockenlegungsmisserfolgs und fliegt dann von der Wand. Dafür sorgen einmal die Treibminerale als Reaktionsprodukt des aluminathaltigen Zements mit dem Sulfat im dauerfeuchten Putzgrund, ansonsten der Frostangriff. Die skandalösesten Sanierputz-Versagensfälle

13 So ist mir bei der Bauberatung ein Fall bekannt geworden, in dem die Bauherrenfamilie kurz nach Wiedereinzug in das bohrlochsanierte Haus ins Krankenhaus eingeliefert werden musste – die gefährlichen Gifte im Injektionsmittel gasten aus und verursachten schwerste Gesundheitsstörungen.

14 z. B. durch Hüllflächentemperierung als kondensationsvermeidende und wärmestrahlungsintensive Heiztechnik.

Ziegelmauerwerk im Wasserbad. Auch Dauerfeuchte kann die erste Mörtelfuge nicht überwinden. Grund: Der Kapillarwiderstand zwischen den feinen Poren des Steins und den groben Poren des Mörtels ist unendlich hoch. Kapillartransport ist also nur von feinen zu groben Poren möglich. Und dabei ist die Schwerkraft eine maßgebliche Bremse. Es sind nur ein paar Zentimeter, die da überwunden werden. Stellen Sie mal selbst einen Backstein oder einen Naturstein in das Wasserbad und beobachten, was da geschieht!

aus Berlins denkmalgeschütztesten Großbaustellen dürfen übrigens – wie fast immer in solchen Fällen – nicht publiziert werden: Geheimhaltung wegen Kulanzsanierung. Schon witzig für die Profiteure, wie hier und überall expertengestützt Geld und Substanz kaputtsaniert werden.

Bei besonders spritzwasser- und regenbeanspruchten Sockelzonen kann es freilich schon zum Aufsteigen des Feuchteprofils kommen. Und zwar bei starker Versalzung des Mauerwerks, sei es durch Streusalz oder anspritzende Fäkalsalze – keine Seltenheit bei früheren (kotgeschwängerten) Straßenverhältnissen und Urinkaskaden aus den von oben entleerten Nachthaferln (Potschamberln). In der immer wieder benässten Sockelzone kann das zunächst nur unten angereicherte Schadsalz durch natürlichen Konzentrationsausgleich allmählich nach oben in den Putz und dann auch in die Mauerfugen und Steine gelangen. Doch auch dagegen hilft keine Horizontalisolierung und sonstiger Hokuspokus.

Nur Entsalzungstechniken wie Opferputz bzw. Kompressenputz mit vorheriger Altputzbeseitigung und einem salzaustreibenden Nacheinander von Benässung und Austrocknung bringen hier den einzig sinnvollen und nachhaltigen Erfolg: Einen salzbefreiten Putzgrund, der dann sowohl einen Neuputz wie auch künftige Befeuchtung schadlos ertragen kann. Gegen die sonstigen oben benannten Feuchtequellen hilft das übliche Repertoire: Oberflächengefälle weg vom Haus, Tonabdichtung der bespülten Fundamentbereiche (bitte keine feuchtezuführenden und risikoreichen Dränagen!), Leckagensuche (z. B. durch Videobefahrung) und -reparatur, stetige Trocknung und Kondensatvermeidung der feuchtegefährdeten Innenräume durch Hüllflächentemperierung. Alles bestimmt viel billiger und wirksamer als die professionellen Pfuschereien durch betrügerische Bauphysik und Bauchemie der Trockenlegungsindustrie.

BAUPHYSIK AM FENSTER

Selbstverständlich müssen auch die gängigen bauphysikalischen Theorien am Fenster kritisch hinterfragt werden.

So ist viel zu wenig bekannt, dass die neuen Isofenster einen schlechteren Schallschutz gegenüber den vorher eingebauten Verbund- oder Kastenfenstern bedingen. Letztere erreichen durch ihre größeren Luftpolster im Scheibenzwischenraum eine wesentlich bessere Dämpfung der Schallübertragung im hörbaren Bereich. Die erst jüngst erfolgte Manipulation der Normwerte beim Fensterschall soll leider verhindern, dass die klassisch weit überlegenen Fensterkonstruktionen auch weiter als vorteilhaft erkannt werden. Eine geradezu typische Folge der systematisch gegen den Bauherren gerichteten Herstellerinteressen im Normenausschuss.

Auch die bessere Solarstrahlungsdurchlässigkeit von Einfachfenstern gegenüber Doppelscheibenfenstern, die bessere Raumluftentfeuchtung von Fenstern mit ausreichender Fugendurchlässigkeit (ohne Lippendichtung) und die zuverlässige Sollkondensatfunktion der Außenscheiben mit Innenluftkontakt bei Einfach-, Verbund- und Kastenfenstern bringt energietechnische Spareffekte: Höhere Solargewinne bei Einfachscheiben, trockenere Raumluft ist mit weniger Energie auf Temperatur zu bringen als feuchte. Wenig bekannt ist auch die Undurchlässigkeit schon von einfachem Fensterglas gegenüber der Wärmestrahlung, die beispielsweise bei Brandschutzglas genutzt wird.

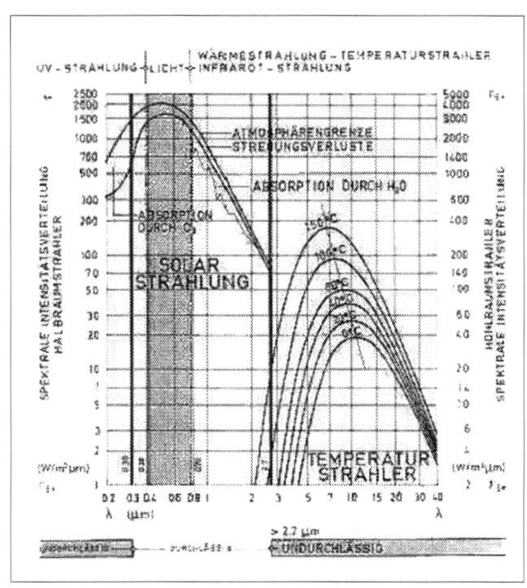

Diese Grafik von Prof. Dr.-Ing. habil. Claus Meier[15] zeigt die Durchlässigkeit von Fensterglas gegenüber den verschiedenen Spektren der Strahlung: Wärmestrahlung ab 2,7 µm geht nicht durch! Genau deswegen gibt es Brandschutzgläser, durch die man das Feuer zwar sieht, die Wärme aber nicht spürt.

Da die Wärmeverluste in Massivbauten überwiegend von der Wärmestrahlung der inneren Massivbauteile (Wände, Boden, Decke) abhängen und nicht von der Abkühlung der Heizluft an den

15 Claus Meier: Richtig bauen, Bauphysik im Widerstreit, expert verlag, Renningen 2006 – das bahnbrechende Bauphysiklehrbuch für alle aufklärungswilligen Baubeteiligten und echten Energiesparer.

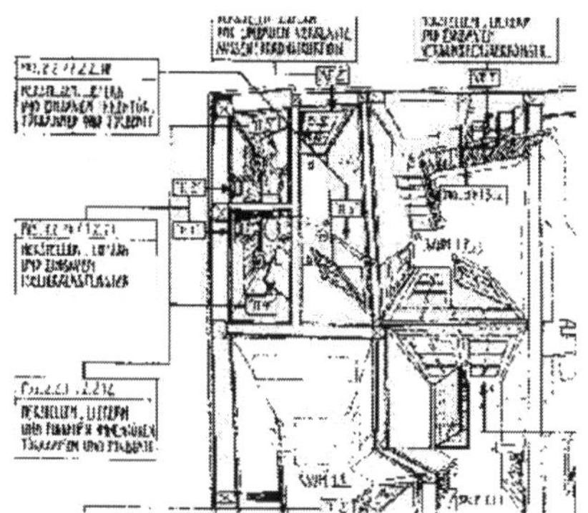

Bauwerks-Zentralperspektive mit lagegetreuer Eintragung aller Schreinerleistungen. Sichere Angebotsgrundlage und Steuerungsinstrument für die Baudurchführung.

Barockfenster vor und nach …

oft nur wenigen Fensterflächen, wird eine Fenstererneuerung mit teuren Isofenstern kaum zu einer wirtschaftlichen Energieeinsparung führen. Wenn die Raumheizung obendrein überwiegend mit Wärmestrahlung arbeitet und nicht mit Heizluft, wird ein Isolierglasfenster folglich eher Nachteile verursachen. Eine Unmenge verschimmelter, da isolierfensterbestückter Wohnungen belegt das. Schimmel oder radikal erhöhter Lüftungsbedarf mit entsprechenden Lüftungswärmeverlusten sind die unabdingbare Folge solch fadenscheiniger Energiesparmaßnahmen.

Fensterertüchtigung?

Auch die nachträgliche Aufrüstung alter Fenster mit Lippendichtungen und Doppelglas bringt ebenso wie der Austausch gegen nachgeäffte Sprossenfenster mit all den fragwürdigen Segnungen moderner Dichtheit außer prima Verdienstmöglichkeiten für das Handwerk dem kostenbewussten Bauherren meist keine Vorteile. Kostengünstiger und wirtschaftlich ist demzufolge lediglich das Reparieren defekter Altfenster „im alten Styl" und unter Beibehaltung der auch technisch überlegenen klassischen Bauweise. Dass dabei

... nach Reparatur und Ergänzung durch Innenfenster

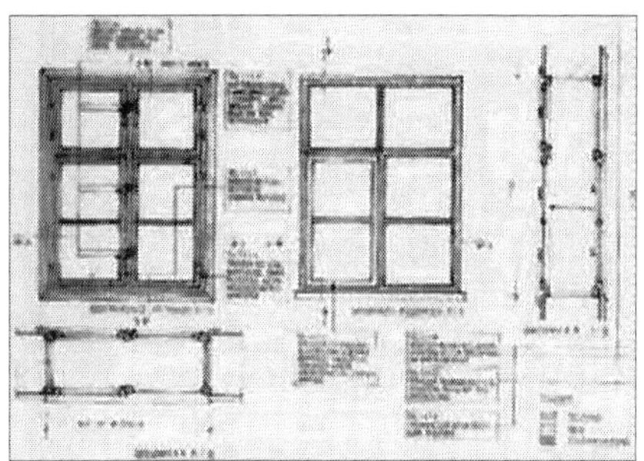

Klare Detailpläne mit Maßnahmen-Beischriften sind die Voraussetzung, auch komplizierte Restaurierungsarbeiten eindeutig und unbeschränkt öffentlich auszuschreiben und damit auch wirtschaftlich durchzuführen (Beispiel: Fensterrestaurierung anstelle Erneuerung).

auch der allfällige Neuanstrich mit Leinöl-Standölfarben und nicht mit den versprödungsanfälligen und als Wasserfalle erwiesenen Kunst- und Naturharzfarben erfolgen sollte, versteht sich wohl von selbst.

Klare Detailpläne mit Maßnahmen-Beischriften sind die Voraussetzung, auch komplizierte Restaurierungsarbeiten eindeutig und unbeschränkt öffentlich auszuschreiben und damit auch wirtschaftlich durchzuführen (Beispiel: Fensterrestaurierung anstelle Erneuerung).

HOLZFENSTER OHNE SPROSSEN – AUSTAUSCH ODER REPARATUR?

Ein Kostenvergleich – Stand 3/2007 – als Entscheidungshilfe (Tabellen 4 und 5).

Die heimtückische Regelung im Mietrecht, wonach ausgerechnet der Fensteraustausch durch wirtschaftlich, technisch und gesundheitlich benachteiligende sog. Isolierglas-/Wärmeschutzfenster vom Mieter mittels Modernisierungsumlage refinanziert werden müssen, die in jeder

TABELLE 4

AUSTAUSCH				
Leistung	Holz		Kunststoff	
	Kosten in EUR/ qm² Fensterfläche (Ansicht)			
	Einzelleistung EL	Kumuliert KV	EL	KV
Altfenster ausbau- en, entsorgen	50		50	
ISO-Fenster, 1- flg., Dreh-/ Kipp, Herstellen, Liefern, Einbauen, SSK III dB 35	335	385	275	325
Putz- u. Malerarbeiten Leibung	100	485	100	425
Verleistung außen	40	525	40	465

TABELLE 5

REPARATUR							
Leistung		Verbund/ Kasten 4-flg.			Einfach 2-flg.		
		Kosten in EUR/qm² Fensterfläche (Ansicht)					
		EL	KV	KV	EL	KV	KV
Notfenster		20			20		
Flügel ausbauen, in Wsl. transportieren, Anstrich		28	48		18	38	
Entlacken, Erneuern mit Leinöl	einseitig	80	128		80	118	
Flügel/Beschläge	allseitig	200		248	140		178
Richten Wetterschenkel neu		65	213	333	65	203	263
		40	253	373	40	243	303

Hinsicht günstigere Reparatur der guten alten Fenster jedoch nicht, hat den Austauschwahn leider massenhaft begünstigt. Die Folgen: die deutsche Schimmelpest, keine Energieeinsparung, schlechterer Schallschutz und dauerkranke Bewohner. Da lacht sich die Fensterbranche aber herzlich ins Fäustchen. Und sagt ganz scheinheilig: Der böse Staat mit seiner falschen Energieeinsparverordnung ist halt schuld. Und der durch Werbemanipulation fehlgeleitete Kunde, der das ja alles bestellt hat. Da kann man freilich brav seine kunstharzverleimten und holzschutzvergifteten Handwerkerfäuste in Unschuld waschen.

RAUMKLIMA, DACHAUSBAU UND HOLZSCHUTZ

Die normgerechte Hausvergiftung mit toxischem und durch alterungsbedingten Abbau der Chemiegifte schon mittelfristig wieder unwirksamem Holzschutz muss auf den Prüfstand: Es geht auch ohne Gift. Wesentlicher Grund des Befalls der Holzbauteile im Haus sind dauerhaft erhöhte Feuchtfrachten. Diese sind leicht erreicht, wenn ausgekühlte Bauteile von feuchten Warmluftströmen erreicht werden. Besonders kritisch sind hier folienverpackte und dämmstoffverstopfte Dach- und Wandkonstruktionen, die über kurz oder lang trotz aller Abdichtungsverklebung – dank unvermeidlicher Bauwerksbewegung und Kleberzerstörung – luftdurchlässig werden.

Darauf setzt eine dauerhafte Auffeuchtung der diffusionsoffenen Bauteile wie Holz, Schüttung und Dämmstoff ein, deren Abtrocknung mangels ausreichender Hinterlüftung nicht gelingen kann. Auch das langfristige Aufsaugen großer Feuchtmengen aus Kondensat an dämmstoffverkleideten Kaltwasserleitungen oder aus Leitungsleckagen hat schon manche Hausschwammzucht ermöglicht.

Weitere Risikofaktoren sind feuchtbeladene Warmluftströme in kalten Dachböden oder Kellern, ebenso feuchtspeichernde Stroh-, Reet- und Schindeldeckungen. Im historischen Bau waren bis zum feuerpolizeilich erzwungenen Kamineinbau günstige Trocknungsbedingungen gegeben, die heute fehlen: Dauertrocknung durch Warmluft und Rauch von der bis in das „Rauchdach" offenen Herdfeuerung und Esse.

Im Dachausbau gibt es ein mehrstufiges Instrumentarium gegen die Durchfeuchtung der Bausubstanz und Vermorschung der Konstruktionshölzer:

- Unterlüftung der feuchtegefährdeten Dachebenen,
- stetige strahlungsintensive Beheizung (Hüllflächentemperierung),
- ausreichende Fugendurchlässigkeit der Fenster,
- ein Einfachfenster als Sollkondensator,
- notfalls auch die anlagengestützte Luftentfeuchtung (Kondensattrockner) und hygrostatgesteuerte Zwangslüftung.
  Fazit: Ausreichende Trockenhaltung durch richtiges Lüften und Heizen sind der beste Holzschutz.

GRÜNDUNGSERTÜCHTIGUNG

Zur Nachgründung mit HDI-Verfahren, seitlichen Betonbalken und Bohrpfahlkonstruktionen oder gar mauertechnischen Unterfangung gibt es inzwischen schonendere und vor allem auch kostensparende Alternativen:

Verschiedene Stopf- und Expansionsverfahren zur Verfestigung des Fundamentbereichs.

Dabei werden inerte Substanzen wie Kalksteingranulat oder Expansionsharze über kleine

Bohrquerschnitte im weichen Boden eingebracht. Sie verfestigen den grundbruchgefährdeten Boden bis zur ausreichenden Tragfähigkeit, und können sogar abgesunkenen Bauteile bis zu einem gewissen Umfang, teils sogar bis in die Originallage wieder anheben. Die historischen Fundamente bleiben dabei unberührt, keine salzhaltigen Gele oder Zement-/Trasssuppen erweichen den Baugrund, kein bodenarchäologisch wertvolles Material wird entnommen – bei voller Reversibilität der Maßnahme.

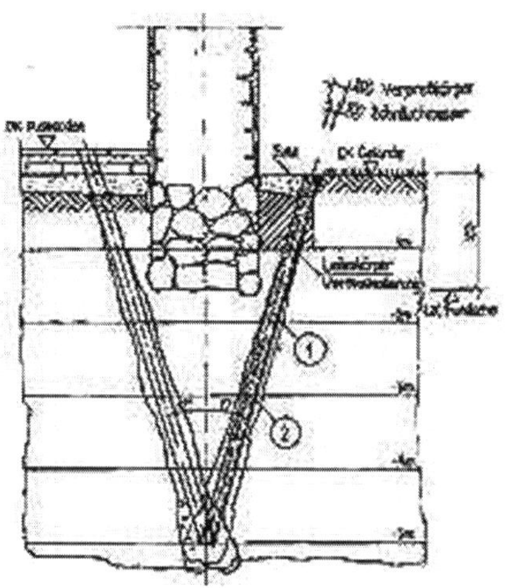

Kloster Waldsassen, Stopfverfahren – Detailschnitt durch historisches Fundament (Außenabdichtung mit Deponietonpackung)

BALKENREPARATUR

In vielen Altbauten haben ungünstiges Raumklima, Leckagen im Umfeld von Wasserentnahmestellen oder eindringender Regen große Schäden an tragenden Balken von den Eckstützen und Balkenfüßen und Schwellen im Fachwerk bis zu Sparrenfüßen und Lagerschwellen im Dach verursacht. Diese müssen nach den heutigen Erkenntnissen unbedingt in Zimmermannstechnik mit Holz ergänzt werden. Die früher angepriesenen Kunstharzprothesen haben sich nicht bewährt und führten zu umfangreichen Vermorschungen im Anschlussbereich, da sich dort Kondensat und Wasserstau ansammelte.

Morsche Sparren- und Stuhlbinderfüße können nach entsprechender Statik kostengünstig durch gedübelte oder geschraubte Anblattungen querschnittsgetreu ergänzt werden. Dabei sollten

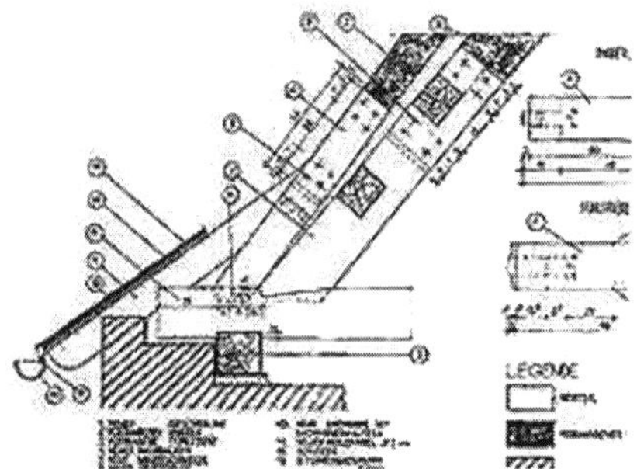

Schloss Eisfeld. Dachfuß – querschnittsgetreue Reparatur

metallische Verbindungsmittel zumindest mit Holzstopfen überdeckt werden, um riskante Kondensatanlagerung zu vermeiden. Das hässliche und teure Beilaschen mit Halbhölzern bleibt statischen Ausnahmesituationen vorbehalten.

Bei der Fachwerkreparatur kommt es darauf an, die Feuchtesituation genauer zu verstehen, als es in Industrie und Handwerk üblich ist. Entscheidend ist, dass die unausweichlich von innen eindringende Kondensation und der von außen einströmende Regen möglichst schnell wieder abtrocknen kann. Die vergeblichen Versuche mit Dichtstoffen als Fugenverschluss an der Fassade sind aussichtslos, da sich dort wegen der Materialunterschiede bald wieder genug Risse bilden. Dort dringt dann kapillar Nässe ein, die dank Dichtstoff kaum noch austrocknet. Ebenso blockieren wasserabweisende Anstriche auf den Fassaden die Gefachaustrocknung. Zusätzlich entlasten sie mangels Wasseraufnahme die untere Fuge nicht mehr und sorgen dort so für erhöhte Wasserfracht. Im Falle der Beschichtung der Fassaden durch angebliche Dämmstoffe behindert das die Austrocknung der grundsätzlich unvermeidlichen Feuchteaufnahme im Wandquerschnitt durch Kondensat bzw. Regen. Die Beschichtungen vermindern nämlich die Wärmeaufnahme von innen und außen, die dann kühlere Konstruktion trocknet entsprechend weniger aus. Die üblicherweise harzhaltigen Lackanstriche auf den Holzbauteilen wirken auch trocknungsblockierend und führen nach alterungsbedingter Versprödung zur erhöhten Feuchteaufnahme. All diese modernen Schlaumeiereien garantieren also zwei Dinge: Fachwerkvermorschung und Daueraufträge für die beteiligten Handwerkssimpl.

Was wäre richtig? Ganz einfach: Keine zusätzliche Beschichtung der Fassade mit irgendwelchen „Dämmstoffen" oder Kartonagen, keine feuchtesperrenden Systeme am Gefach, auf dem Holz und in der Fuge. Wasser, das immer eindringt, muss also möglichst schnell wieder raus:

- Feuchtepuffernde und kapillaroffene Schichten aus Kalkmörtel und Kalktünche auf dem Gefach,
- weiche und dünnschichtige Holzanstriche wie Leinölfarbe auf dem von sperrenden Altanstrichen gereinigten Holz,
- materialtrennende Fugenschnitte zwischen Holz und Gefach, ausreichender Dachüberstand, dazu
- schützende Tropfbretter an den geschosstrennenden Gesimsbalken besonders bewitterter Fassaden,
- wasserabführende, vielleicht auch blechverkleidete Sockelkanten,
- möglichst Holz-in-Holz-Ergänzungen an den vermorschten Fehlstellen,
- Winddichtung der Fassade durch innenseitigen Rohrmattenputz nach alter Väter Sitte aus Luftkalkmörtel,
- Fenster als Sollkondensatoren – also Einfach-, Verbund- oder Kastenfenster ohne Lippendichtung, zur Feuchtigkeitsentlastung der Fassade gegen Raumluftkondensat,

viel mehr braucht es nicht, um Fachwerkfassaden handwerklich korrekt und bestandsverträglich instand zu setzen.

Die Krönung wäre natürlich eine konservierende Raumbeheizung ohne Nachtabsenkung und mit möglichst viel Strahlungsanteil, um der dann besser durchwärmten Fassade optimale Austrocknungschancen zu bieten.

Verwahrlostes, barock überformtes spätgotisches Bürgerhaus 1984 und acht Jahre nach kostengünstiger Reparatur (1985-87) durch weitgehende Erhaltung des Bestands mit traditionellen Bauweisen (Fassade nur mit Kalkschlämme ergänzt, Altfensterbestand vollständig erhalten). Natürlich auch keine nachträgliche Horizontalisolierung trotz nur 30 cm einbindender Fundamente und Lage am Flussufer. Keine schädlichen Dämm- und Dichtmaßnahmen. Keine wassersperrenden Fassadenanstriche, sondern reine Kalkkaseinfarbe. Umsetzung des büroeigenen Raumbuchsystems zur technischen Bestandsaufnahme in den folgenden Planungsphasen.

PUTZ UND ANSTRICH

MÖRTEL UND WANDFARBEN

Tragfähige historische Fassaden- und Innenputze haben bewiesen, was sie leisten. Sie können bei der Anwendung von Luftkalkmörtel und Rohrmattenputz oft kostengünstig erhalten werden. Dies gilt auch für Anstriche, die mit kunststofffreien Tünchen ohne Einschränkung der Konstruktionsentfeuchtung zu ergänzen bzw. zu erneuern sind. Diese kapillaraktiven Farbsysteme bieten auch die wirtschaftlichste Möglichkeit auf Naturstein und mineralischem Neuputz.

Die typischen Schäden durch synthetische, silikon- und silikathaltige Farbsysteme – Schichtenabriss, Versprödung, Kapillarrissdurchfeuchtung mit nachfolgender Feuchtblockade und Oberflächenkorrosion, bei kunstharzhaltigen Systemen zusätzlich Algenbewuchs und vorzeitige Verschmutzung, werden dann vermieden.

Wassersperrend grundierte Putz- und Malgründe können aber mit Luftkalkprodukten nicht ergänzt oder überarbeitet werden. Entweder muss dann vorher eine geeignete Trägerschicht aufgebracht oder die ungeeignete Schicht entfernt werden. Die Überarbeitung mit synthetischen Beschichtungen ist zwar möglich, birgt aber auch zukünftig wieder das Risiko einer bauschädigenden Konstruktionsauffeuchtung.

Kunststoffvergütete Baustoffe können auch im Altbau nicht, was sie versprechen. Regelmäßig verursachen sie Schäden durch vorzeitige Versprödung und Verschmutzung, übermäßige Abdichtung und Entfeuchtungsblockade der immer flüssig (nicht dampfförmig) im Bauteil vorhandenen Nässe.

Innenraum Vorzustand ...

... und in neuer Nutzung.

Dabei wurden alle Altputzflächen unter kostengünstigen Rohrmattenkalkputzen erhalten. Dies ersparte umfangreiche Schlitzarbeiten in der Fachwerkstruktur und Zerstörung der teils mit spätgotischer Malerei gefassten Raumschalen. Das eingefügte Türblatt war im Haus an anderer Stelle entbehrlich. Die teils sehr niedrigen originalen Raumhöhen (ca. 210 cm) und Türsturzhöhen (ca. 175 cm) werden von den Mietern klaglos akzeptiert. Die vom Bauherrn persönlich eingebaute Holzstütze ersetzt die beim barocken Umbau entfernte Innenwand und vorher von dritter Seite angedachten Stahlbetondecken.

Erneuerte Schlossfassade, abgedichtet mit Dispersionssilikatfarbe auf Sanierputz – Zustand nach einem Jahr.

Detail am gleichen Objekt

Auch silikat-/wasserglashaltige Fassadenprodukte schädigen den Bestand durch übermäßige Festigkeits- und Abdichtungsentwicklung – ganz im Gegenteil zur Produktwerbung.

Luftkalk-Ergänzungsmörtel für Natur- und Ziegelstein, reine Ölfarben auf Holzoberflächen (Fenster), rein mineralische, zement-, hüttensand- und trassfreie Baustoffe mit geringem Feuchtrückhaltungsvermögen wie Luftkalkmörtel und Ziegel – handwerklich richtig eingesetzt – erfüllen ihren Dienst am Bauwerk zuverlässiger. Sie genügen damit auch den denkmalpflegerischen Vorstellungen von anständiger Alterungsfähigkeit – sie opfern sich für den Bestand. Wenn die regelmäßig desolaten Kunstharzbeschichtungen früherer Anwendungen wieder entfernt werden müssen, gefährden mechanische und thermische Verfahren den Bestand (z. B. Malgrund, Fensterglas) oft erheblich. Mit CKW-freiem Entlacker und Abbeizpasten gibt es schonendere und wirtschaftlichere Verfahren. Nur die Verwendung geeigneter Baustoffe sichert die wirtschaftlichen Vorteile einer Sanierung auch langfristig, von der Massivwand bis zum Fenster.

Klosterfassade in reiner Silikatfarbentechnik – scheinbar in Ordnung nach alter Väter Sitte – bonbonfarbene opake Wasserglasfärbelung, teils nach Befund des 19. Jahrhunderts …

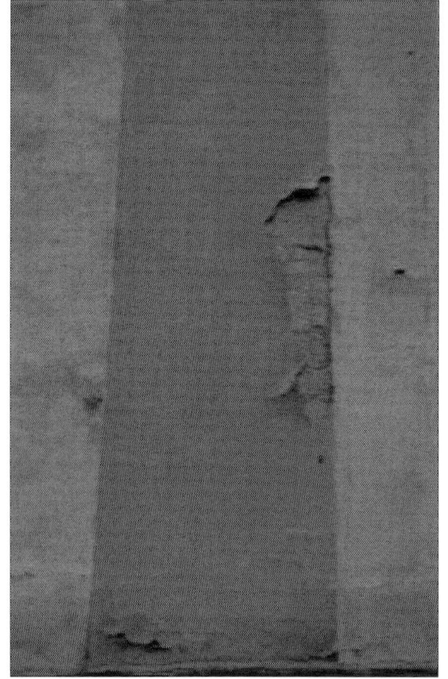

… doch bei näherer Betrachtung: Aufplatzende und craquelierende, durch Wasserglasbehandlung überfestigte und überdichte Putz- und Farbschollen …

… darunter mehlende aufgefrorene Originalkalkmörtel …

… deswegen: Abnahme der zerstörten Schollen und mehlenden Altputze bis auf tragfähigen Grund.

Originaler Unterputz, teils zwar mit Schwundrissen durchzogen und hohlklingend oder Restflächen mürber graugefärbter Sichtputzfragmente …

… dennoch zur Wiederverwendung geeignet als Untergrund für neuen Putzaufbau mit Luftkalkmörtel, nach Erstbefund gestrichen mit Kalkkaseinfarbe in tagwerksgerechter Freskotechnik:
Preisgünstig reparierte Luftkalkmörtel-Fassade nach vierjähriger (1995-1999) Standzeit im rauen oberpfälzischen Mittelgebirgsklima. Vergabe aller Arbeiten nach unbeschränkter öffentlicher Ausschreibung im Positionsbausteinsystem.

… Fassadendetail mit reicher Architekturgliederung und gestaltenden Putzstrukturen.

Natürlich kann auch mit schlechten Kalkmörteln – hier ein vom Denkmalpfleger rezeptierter salzreicher Trasskalkputz – alles schief gehen. Es braucht eben handwerkliches Wissen und Erfahrung, um reine Luftkalkmörtel im Sinne historischer „Hochleistungsputze" (Prof. Wittmann) zu rezeptieren und auf schwierigsten Untergründen zu verarbeiten. Das heißt aber nicht, dass die Industrieprodukte der Trockenmörtelbranche zuverlässiger sein müssen …

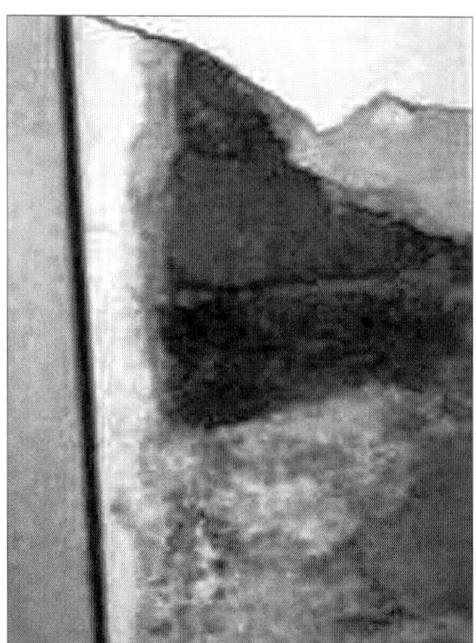

... abplatzende Sanierputzscholle an einem Mauerpfeiler der gleichen Wand. Die Verarbeitungsvorteile „moderner" Produkte für den Handwerker sind regelmäßig mit letztlich entscheidenden wirtschaftlichen, technischen oder denkmalpflegerischen Nachteilen erkauft:

Hohles Burgmauerwerk. Verfugt und verpresst mit salzarmem und elastischem Luftkalkmörtel. In Bildmitte zweireihige Auslässe der Verfüllstutzen.

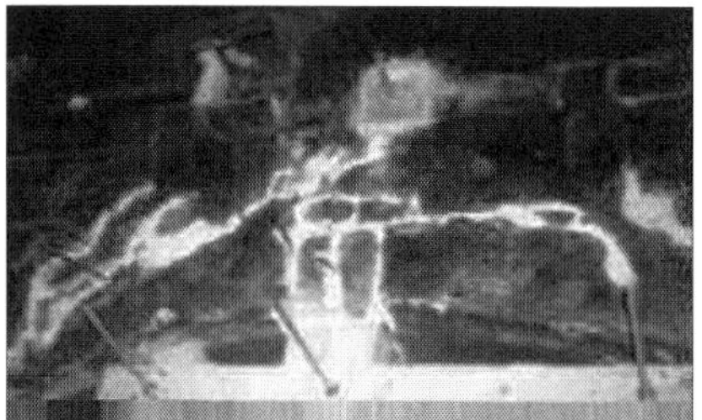

Entfestigtes und im Verbund gestörtes Bogenscheitel-Mauerwerk – über noch herausstehende Verfüllkanülen substanzschonend verpresst und neuverfugt mit natürlich vergütetem Luftkalkmörtel 0-0,5. In der Mitte oben Ankerplatte für verzinkten Stahlanker. Auch Ankerkanal verpresst mit Luftkalkmörtel.

Ravensburg, Grüner Turm mit gotischer Glasurziegeldeckung. Zerstörung der Flächen- und Gratziegel durch zu starre, dichte und schadsalz haltige zementäre Dachdeckermörtel.[16]

16 Architekt und Bild: Dipl.-Ing. Bruno Siegelin, Herdwangen

Instandsetzung und Neuvermörtelung der Grate mit Luftkalkmörtel[17]

Grüner Turm nach Abschluss der Reparaturarbeiten.[18]

MÖRTELDETAILS

Wenn wir die physikalischen Eigenschaften von Mörteln vergleichen, stellt sich heraus, dass nur reine Luftkalkmörtel dem Verhalten des mit Backstein oder Naturstein gemauerten Untergrunds nahe kommen. Sie trocknen schneller aus – gut für die Fassadenentfeuchtung – und besitzen annähernd das gleiche Verhalten gegenüber der Temperaturdehnung – gut für die dauerhafte Verbindung bei den extremen Temperaturdehnungen auf bewitterten Fassaden durch Sommer und Winter.

Die nässestauenden Zementmörtel saugen durch ihre temperaturbedingten Kapillarrisse erhebliche Regenmengen in die Tiefe der Bausubstanz und verursachen Ausblühungen und Frostschäden an Sichtmauerwerken. Als Zementputz bilden sie eine rissempfindliche Kruste auf dem Putzgrund und tragen durch ihren großen Gehalt an ausblühfähigen Schadsalzen (am

17 wie vor
18 wie vor

meisten in Trassmörteln) auch zur Schadsalzbelastung bei. Insofern ist man bei der Reparatur historischer Fassaden und Innenräume mit substanzverträglichen Luftkalkmörteln meist am besten bedient.

Überraschenderweise habe ich bei vielen Diskussionen mit Mörtelfachleuten im Handwerk, der Trockenmörtelindustrie, unter Planern und Sachverständigen immer wieder feststellen müssen, dass der Erhärtungsprozess der Luftkalkmörtel oft völlig falsch – freilich entsprechend der Lehrbuchmeinung vom „Kalkkreislauf" – eingeschätzt wird:

1. $CaCO_3$ + Energie -> CaO + CO_2 (Kalkstein/Kalziumcarbonat wird im Kalkofen zu Branntkalk/ Kalziumoxid, Kohlendioxid wird dabei freigesetzt).

2. CaO + H_20 -> $Ca(OH)_2$ + Energie (Branntkalk wird mit Wasser heiß gelöscht, es entsteht Löschkalk/ Kalziumdihydroxid).

3. $Ca(OH)_2$ + CO_2 -> $CaCO_3$ + H_2O (Löschkalk nimmt bei der Karbonatisierung aus der Luft Kohlendioxid auf, es entsteht wieder Kalkstein, Wasser wird abgegeben.

So weit die Theorie.

Ich glaubte das zunächst ebenso. Erst die differenzierte Auswertung von diversen Untersuchungsergebnissen und ein mehr als überraschender Eigenversuch – Vermörtelung zweier Klosterbacksteine und Überprüfung der Festigkeit des Fugmörtels (schon nach einem Tag ohne jegliche Karbonatisierung ausreichend, um das schwere „Ziegelpaket" voll zu belasten und am oberen Stein hochzuheben) brachte auch dieses Phantasiegebäude zum Einsturz:

In wenigen Stunden ist ein Kalkmörtel ausreichend tragfähig und weitestgehend erhärtet. Warum? Bei der Wasserabgabe in den Untergrund und an die Luft

„rutschen" seine Bestandteile – Sandkörner und Bindemittel – zusammen. Die sogenannte Adhäsionsfestigkeit bildet sich aus – vergleichbar der Erhärtung eines Lehmmörtels. Dabei entstehen – so ein wirklichkeitsnäheres Modell – van-der-Waalsche Bindungen zwischen den nun eng beieinander liegenden Atomhüllen. Deren eigentlich abstoßend wirkende negative Ladung bildet durch polare Umorientierung der Elektronenhüllen ein Dipol aus, das nun eine gleichsam magnetische Anziehung zwischen den negativ geladenen Elektronen der polarisierten Hüllen und den Protonkernen bewirkt.

Dieser Effekt hängt von der Packungsdichte der Mörtelstruktur ab. Je mehr größenmäßig abgestufte Feinanteile die Freiräume zwischen den größeren Sandkörnern schließen, umso höher wird die innere Oberfläche und die damit zusammenhängende Adhäsionskraft. Den gewaschenen Sanden muss dafür ausreichend Feinanteil im Mikro- und Nanobereich beigemischt werden. Oder – die Methode der Trockenmörtelindustrie – mehr staubfeines Bindemittel, vorwiegend aluminatreicher Zement, dessen durch Sulfatbeigabe entstehenden Ettringitnadeln dann in die Porenfreiräume „verfilzend" einwachsen und so die berüchtigte Überhärte und erhöhte Temperaturdehnung hervorrufen. Selbstverständlich wird die Ausbildung der Adhäsionsfestigkeit und die erst nachfolgende weitere Festigung und Wasserbeständigkeit durch Karbonatisierung entscheidend gestört, wenn die Mörteltrocknung nicht richtig gelingt. Wer also seinen Frischmörtel feste beregnen lässt, erreicht, dass möglichst viele Feinanteile und Bindemittel ausspülen, die Oberfläche feste und trocknungsblockierend verkrustet und der raffinierte Abbindeprozess maximal misslingt.

Deswegen meine Empfehlung: Abdeckung des Fassadengerüstes von oben (Überdachung) und der

Seite (Abplanung). Dies verhindert auch überschnelle Abtrocknung nach außen durch Wind und Sonnenschein, die die Bindemittel in der Mörtelfront transportiert, dort krustenartig anreichert und damit die Untergrundhaftung vermindert, die Kapillartrocknung stört sowie ein ungünstiges Spannungsprofil im Mörtelquerschnitt verursacht.

Kalkmörtel brauchen also keine übermäßigen Bindemittelanteile – sondern ausreichend Feinkornzuschläge (Feintone, Mineral- oder Keramikmehle). Qualitätskalkmörtel können zusätzlich mit geringsten Zusätzen im Promillebereich den Wasserbedarf und damit die Schwundrissanfälligkeit vermindern, die Homogenisierung der Mörtelmatrix erhöhen, die Kalzit-Kristallnadelbildung befördern und damit quasi High-Tech-Strukturen mit bester Salz- und Frostbeständigkeit ausbilden. Hier besteht freilich noch ein umfangreicher Forschungsbedarf, den die Bauindustrie eigentlich nicht weiter verschlafen sollte.

Bei der Mörtelverarbeitung ist dann – neben den vorigen Anmerkungen – auch die Vorbehandlung des Untergrundes durch ausreichende Befeuchtung eine entscheidende Voraussetzung für gutes Gelingen. Sonst entzieht der zu trockene Untergrund dem Frischmörtel zu viel Wasser und das darin gelöste Bindemittel. Folge: Ausmagerung des Mörtels in der für die Untergrundbindung entscheidenden Bereich, Aufbrenneffekte, mangelnde Abbindung und frühzeitige Ablösung der Mörtelbeschichtung.

Kalkmörtel müssen außerdem nach der Vierkornregel mehrlagig aufgetragen werden, vortrocknen und sich durch Schwundrissbildung ausreichend entspannen, um in der unausbleiblichen Trocknungs- und Schwundphase das störende Durchreißen in die oberen Putzschichten zu vermeiden.

Im Klartext: Jede Mörtellage darf demzufolge nicht stärker als das Vierfache des Größtkorns sein. Ein Mörtel mit 0 bis 1 mm Kornverteilung (Sieblinie) sollte also bis höchstens ca. 4 mm stark aufgetragen werden. Nur besonders vergütete und in der Sieblinie raffiniert ausgewogene Mörtel können stärkere Schichtlagen vertragen, entscheidend ist hier das penible Einhalten der Verarbeitungsrichtlinien von Herstellerseite.

Da an der Oberfläche des Frischmörtels lediglich die beim Trocknen entstehende Sinterschicht durch CO_2-Aufnahme hauchdünn verglast (karbonatisiert), entsteht dort eine Trennschicht. Sie stört die notwendige Mörteltrocknung, Adhäsionsausbildung und Untergrundhaftung der Folgeschicht. Diese Sinterschicht muss also nach Ansteifen des Frischmörtels – beispielsweise durch Abkehren mit einem Stahlbesen – möglichst bald entfernt werden.

LEHMPUTZ

Noch ein paar physikalische Hintergründe zu den derzeit immer wieder gern eingesetzten – obwohl deutlich teureren – Lehmputzen: Lehm ist durch seine dichte und feinstoffreiche Struktur grundsätzlich ein Baustoff mit vergleichsweise hohem Restfeuchtegehalt (praktische Ausgleichsfeuchte). Seine Feuchteaufnahme ist dabei sehr begrenzt – ganz im Gegensatz zu den hier vorherrschenden Vorurteilen. Wir kennen Lehm und Ton als Dichtungsmittel, schon das zeigt seine mangelnde Eignung als Feuchtepuffer gegenüber Raumluftfeuchte. Da er zur schwindärmeren Verarbeitung meist mit Sanden und auch organischen Zuschlagsstoffen abgemagert wird, wird seine Feuchteaufnahme zwar (im Vergleich zum kapillaroffenen Luftkalkmörtel nur unwesentlich) etwas erhöht, gleichzeitig steigt aber auch das Bewuchsrisiko mit Schimmelpilzen.

Als Allheilmittel für ein gutes Raumklima und gegen Schimmelbefall eignet sich Ökobioheil-Lehmputz folglich in keiner Weise. Wobei sein Einsatz als Reparaturmörtel und zur bestandsgetreuen Ergänzung von Fachwerkgefachen aus Lehm durchaus sinnvoll ist – wenn man die dafür notwendigen langen Trocknungszeiten und Maßnahmen zur Rissvermeidung fachgerecht berücksichtigt.

DER KALKANSTRICH

Bei der Kalktünche – als alkalische und damit schimmelfeindliche (fungizide) Beschichtung ein probates Mittel gegen Schimmelrisiken – sieht das Abbindeverhalten wieder etwas anders aus als beim Kalkmörtel. Hier gibt es zwar auch die Bedeutung der Adhäsion, doch der Bindemittelgehalt ist bei diesem Dünnschichtsystem entscheidender, um die notwendige Wasserbeständigkeit zu erreichen. Karbonatisiert der frische Anstrich durch übermäßige Abtrocknung aber vorschnell aus, „brennt er auf" und pudert stark ab.

Ebenso sind der Untermischung mit Feinanteilen und Pigmenten sehr enge Grenzen gesetzt. Werden sie überschritten, kommt es ebenfalls zum Abmehlen und Pudern, da sich zu wenig Bindung entwickelt. Die deswegen übliche Zugabe von Zellulose und Polymeren kann zwar die Bindung deutlich verbessern – freilich auf Kosten der ausreichenden Trocknungsfähigkeit. Solche „verbesserten" Anstrichsysteme stauen darunter das Wasser, verschmutzen, hinterfrieren, sind außerdem anfällig für Beschimmelung und Algenbewuchs, lösen sich dann vom Untergrund und bieten deswegen auf längere Sicht keine Vorteile.

Das Gelingen eines guten und gegenüber den zementären Alternativen technisch vorteilhaften Kalkmörtels und Anstrichs setzt also durchaus etwas planerischen, technischen und handwerklichen Verstand voraus. Alle Baubeteiligten müssen hier am selben Strang ziehen – doch das ist wieder einmal eine Binsenweisheit.

Schadensbild: Blasenbildung innen.

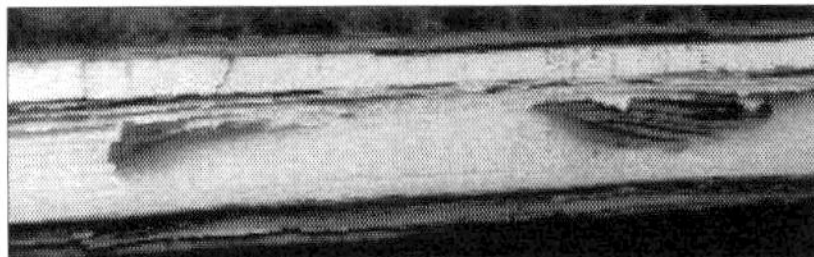

Schadensbild: Blasenbildung und Anstrichversprödung außen

Schadensbild: Kittversprödung und Anstrichversprödung außen

ANSTRICH AUF BEWITTERTEN HOLZOBERFLÄCHEN

Auch den verkaufsfördernden Merkblättern der bauwirtschaftlichen Interessensverbände darf man misstrauen. Sie begünstigen z. B. technisch nachteilige Lackfarben auf den bewitterten Fensteroberflächen. Holzflächen sollten aber mit harzfreien Ölfarben gestrichen werden, sonst sind Beschichtungs- und nachfolgende Holzschäden vorprogrammiert, wie die folgenden Bilder eines zwei Jahre alten Alkydharzanstriches zeigen.

Die oben vorgestellten Ausschreibungsvergleiche zeigen: Auch im Reparaturfall sind Altfenster die wirtschaftlichste Lösung. Deren korrodierte Kunstharzanstriche, meistens Ursprung ihres schlechten Zustandes und der Sehnsucht nach dem Plastikfenster, entfernt man mit CKW-freien Abbeizern wirtschaftlicher und schonender als mit den substanzgefährdenden Laugen oder mechanisch-thermischen Verfahren.

Fazit: Die (leider oft recht mühsame) Suche nach in der Fensterrestaurierung ausreichend erfahrenen Fachbetrieben lohnt sich – technisch und wirtschaftlich. Die öffentliche Ausschreibung mit detaillierter Vorgabe der Arbeitsschritte ist dafür ein probates Mittel. Auf Grundlage einer guten Bestandsuntersuchung und Bemusterung gelingt das nahezu nachtragsfrei.

6. MASSNAHMENBESCHREIBUNG UND KOSTENPLANUNG

Was der Gebäudeplaner bzw. Fachingenieur zu seinen Planungsabsichten schreibt und zeichnet, versteht der Handwerker meist anders oder gar nicht. Im Studium wurde die VOB-gerechte Leistungsbeschreibung nicht gelehrt. Auch nicht das für jeden Bauherren vorteilhafteste öffentliche, unbeschränkte Ausschreiben. Und wer liest später die einschlägigen VOB- und HOAI-Kommentare?

Deswegen missbrauchen wir auftragshungrige Handwerker, Produzenten und deren Preislistenautoren (Standardleistungsbuch usw.) als Textlieferanten. Denen fehlt es aber an Kenntnissen des Bestands und der VOB – mangels qualifizierter Bestandsaufnahme und allgemeiner Vergabekompetenz. Sie arbeiten marketingorientiert, wollen Auftrag und Produktplacement. Der Bauherr und der Bestand interessieren sie nur als Gewinnchance.

Bauherren bekommen meistens gar nicht mit, wenn der Planer derartige „Umsonst-Fremdleistungen" – vielleicht sogar nach „Versteigerung an Meistbietend" anwendet und obendrein Honorar dafür verlangt. Sie hoffen, ihr schlechtes Vertragsangebot an den Planer könnte ohne missliche Folgen bleiben. Dem ist nicht so! Schlechte Planung, überhöhte Baupreise und Nachträge – sogar Erhöhung des baukostenabhängigen Planungshonorars oder gar mafiöse Praktiken sind die logische Folge.

Missverständliche und unvollständige Leistungsbeschreibungen stören den Informationsfluss vom Planer zum Handwerker. Das erschwert den Bauablauf. Plötzlich – aber eigentlich vorhersehbar – taucht zusätzlicher Leistungsbedarf auf. Von den dafür durchgesetzten Nachträgen überlebt dann der Handwerker, der zunächst auftragshalber zu geringe Preise angeboten hatte. Hier sind Firmen zu beobachten, die unter Vorspiegelung von besonders schnäppchengünstigen Leistungen oder Lieferungen (Fenster!) ihre Aufträge zugeschustert bekommen. Danach drehen sie fleißig an der Nachtragsschraube. Dabei wird auch nicht die kleinste Gelegenheit ausgelassen, oft sogar in raffinierten Angebotstricks erst mal sorgfältig konstruiert. Bekommen aber solche Firmen eine auftraggeberseitige Leistungsbeschreibung, die streng nach VOB alle Nachtragsschotten dicht macht, geben solche schwarzen Schafe immer höhere Preise ab als der seriöse Wettbewerber.

Bei noch billigeren „Schwarzarbeitern" – gern gesehen auf Burgen und Schlössern, in Villen und Herrenhäusern, aber auch im allgemeinen Wohnungs- und Gewerbebau – „stimmt" zwar der Stundenlohn. Der Witz liegt dann aber in den verbrauchten Stunden, gegen die sich der Bauherr, hat er sich einmal auf solche Schweinereien eingelassen, nicht mehr wehren kann.

Die Bemühungen um niedrige Baukosten müssen also nicht nur am Maßnahmenumfang ansetzen, am Vermeiden sinnloser Eingriffe, an der ganzheitlich qualitätsbewussten technischen, vertrags- und genehmigungsrechtlichen Ausschaltung sinnlos teurer „Vorschriften". Am wichtigsten ist letztlich die kostendämpfende und von Nachtragsforderungen nicht knackbare Beschreibungs- und Vergabetechnik für die Bauleistungen mit Einheitspreisleistungen. Mit der funktionalen Ausschreibung oder Angebotseinholung von Lieblingsfirmen des Planers gelingt das nie, auch wenn das sogar institutionelle Auftraggeber recht fleißig üben. Zu hoch sind dort die Risikozuschläge, zu abgefeimt die Nachtragsstrategien, zu grottenschlecht die Planungen, um echte Baukostenersparnisse zuzulassen. Wobei die Tricksereien zwischen untreuem Planer und Handwerker meist die auftragssichernde „Nullposition" bemühen: Von vornherein nicht auszuführende Leistungen werden in den Ausschreibungstext bugsiert, mit Minipreis gegenüber den uneingeweihten Wettbewerbern geboten und dann mit teuersten Nachträgen oder 1-Stück- bzw. 1-qm²-Angebotsposten, die bei der Angebotswertung mengenmäßig „unter den Tisch fallen", maximal abgerechnet. Der Gewinn wird geteilt.

Wer die Planungsqualität üblicher Leistungsbeschreibungen prüft (eigentlich die perfekte Entscheidungshilfe zur Planerauswahl), wird sofort bemerken, dass sowohl standardleistungsbuchfolgende wie auch produzentenmäßige Ausschreibungstexte in keiner Weise den Anforderungen an wirtschaftlich und technisch einwandfreie Vergaben genügen.

Das Positionsbausteinsystem „PBS" beschreibt die Bauleistungen schon während der Entwurfsphase. So entsteht eine zuverlässige Projektgrundlage: die Maßnahmenbeschreibung mit Kostenberechnung nach Gewerkeinzelleistungen. Die Ordnung von Kostendaten nach Eigen- und Fremdleistung, nach modernisierungs- und erhaltungsbedingtem Aufwand – oft Voraussetzung komplizierter Finanzierungsmechanismen – kann so besser gelingen. Dies betrifft auch die Einzelpreisverfolgung bei der Kostenkontrolle von der Planung zur Abrechnung. Im Unterschied zu üblichen Texten fordert das System die Einbindung der technischen Bestandsaufnahme. Inhalt und Form der Leistungsbeschreibung werden nicht nur oberflächlich wie im Standardleistungsbuch, sondern für alle Textelemente nach einer klar verständlichen Textlogik und -hierarchie vorgegeben.

DAS POSITIONSBAUSTEINSYSTEM

DIE GLIEDERUNG DER POSITIONSBAUSTEINE 1 - 12

1. Nummer - NR

2. Positionskurzfassung - PK
   - *2.1 Leistungsort 2.2 Betroffenes Bauteil 2.3 Leistung*

3. Preisbeeinflussende Bestandsverhältnisse - PB
   - 3.1 Baustellenbereich
     - 3.1.1 Baustellenbereich / Angrenzende Bauteile
     - 3.1.2 Schäden
     - 3.1.3 Gefährdungssituation im Arbeitsablauf
   - 3.2 Betroffener Bearbeitungsbereich
     - 3.2.1 Bauteilbeschreibung
     - 3.2.2 Schäden
     - 3.2.3 Leistungsbegründender Eignungsmangel für Beanspruchung

4. Konstruktives / Funktionales / Gestalterisches Leistungsergebnis - LE

5. Zweck / Beanspruchung der fertigen Leistung - ZB

6. Arbeitsbeschreibung - AB
   - 6.1 Arbeitsumfang
   - 6.2 Qualitative Vorgaben
   - 6.3 Quantitative Vorgaben
   - 6.4 Anschlußausbildung an Bestand / Verbindungsmittel
   - 6.5 Bauabwicklung und Technische Muster- / Teil- / Schlußabnahmen
   - 6.6 Besondere Vorgaben an Abrechnung und Aufmaß
   - 6.7 Sonstige Nebenbedingungen

7. Verweis auf Planunterlagen - PL

8. Verweis auf ggf. folgende Untergliederung der Position - UG

9. Auf Leistungsergebnis bezogenes Tätigkeitswort - TW

10. Menge - ME

11. Einheitspreis - EP

12. Gesamtpreis - GP

Das Positionsbausteinsystem PBS – Übersicht zu Reihenfolge und Inhalt der 12 Positionsbausteine

Wesentliche Vorteile bieten die vom System geforderte Risikobeschreibung im Bestand und die Zielorientierung der Leistungsbeschreibung. Damit werden diese kostenverursachenden Einflussgrößen VOB-gerecht erfasst. Im Unterschied zu den üblichen Beschreibungsmethoden gibt unser „Positionsbausteinsystem" den Textinhalt und die Form der Bestands- und Leistungsbeschreibung aus zwölf logisch gegliederten Positionsbausteinen vor. Wesentlich: Das Ergebnis der Bestandsaufnahme muss ausführlich, aber in technisch knapper Sprache, beschrieben werden. Aus mangelhafter Bestandsvorgabe entwickeln sich falsche bzw. unvollständige Planungsergebnisse und damit fast alle Nachträge. Deswegen fordert das System eine detaillierte Beschreibung des Bestands, seiner Mängel und den daraus abzuleitenden Handlungsbedarf.

Vorrangig wird dann das Leistungsergebnis und erst nachran-

Barockes Fachwerkhaus: Vorzustand (30 Jahre Leerstand, schwerste Bauwerksschäden) und nach Reparatur und Modernisierung (vier Gästeappartements). Das Gebäude wurde ca. 50 cm zur Fußschwellensanierung angehoben und danach wieder abgesenkt. Sämtliche Gefacheputze konnten dabei durch Papierkaschierung erhalten und, wo erforderlich, mit Luftkalkmörtel (innen in Rohrmattenputztechnik) ergänzt werden. Nach Dachfußreparatur Neueindeckung durch den Bauherrn mit den originalen Rinnenziegel nach Bestehen der „Klangprobe". Anstriche Kalkkasein und Leinölfarben. Heizleitungsführung an Außenwänden, z. T. Sockelheizleisten. Der Kostenvoranschlag konnte durch VOB-gerechte Ausschreibung aller Fremdleistungen um ca. 100.000 EUR unterschritten werden.

gig die dazu gehörende Arbeit gefordert. Damit sind Nachtragswünsche und Spekulationspreise kaum noch durchzusetzen, da die Mitwirkungspflicht des Bieters konkret abgefragt wird und die im Bestand liegenden Anforderungen nahezu vollständig vorgegeben werden.

Nur eine eindeutige und vollständige Information, logisch nach dem Bedeutungsrang und danach von Grob nach Fein geordnet, sorgt für die klare Verständigung unter den Beteiligten. Das verhindert kostentreibende Risikozuschläge der Bieter und überraschende Nachträge. Die qualitativ überzeugendsten Bieter setzen sich bei dieser Beschreibungssystematik durch. Sie können am sichersten kalkulieren und erhalten regelmäßig den Zuschlag auf das niedrigste Angebot. Spekulanten schreckt die genaue Leistungsbeschreibung ab – mit zwölf systematisch vorgeschriebenen Informationsebenen (Positionsbausteinen), ca. 50 untergliedernden Einzelinformationen und der Beilage aller wichtigen Übersichtspläne und Details. Sie kalkulieren mangels nachtragsfördernder Beschreibungslücken zu hoch oder geben überhaupt kein Angebot ab.

Nebenbei prüft das System die Qualität, da es Planungsfehler vor der Ausführung aufdeckt. Vergessene oder fehlerhafte Informationen fallen in einem geschlossenen System schneller auf als im willkürlichen Aufbau der üblichen Beschreibungsmethoden. Die damit besser kontrollierbaren Arbeitsergebnisse erleichtern die bürointerne Qualitätssicherung.

Diese Methodik steht im Gegensatz zu üblichem Vorgehen: Schlechte Bestandsaufnahme, oberflächliche Planung, Ausarbeitung mangelhafter Ausschreibungsunterlagen teils durch befreundete Firmen, Vergabe an die erst „billigsten“, später raffiniertesten Nachtragsschinder, Terminverzögerungen und Nachträge, weil nichts „passt“, kräftige Kostenexplosion – auch des

Planungshonorars trotz ersparter Aufwendungen, viele Mängel trotz versuchter „Vorschriftenbefolgung“ und nervende Bauprozesse zum Maßnahmenabschluss. Vorzugsweise zu Honorarzone 0 Mindestsatz für den Planer. Natürlich kann mit einem solchen Ausschreibungssystem alles öffentlich und unbeschränkt ausgeschrieben werden. Das gilt auch für komplexe Restaurierung sleistungen, deren Arbeitsabläufe natürlich rechtzeitig durch Muster abzuklären sind. Der fachliche Qualifikationsnachweis der Bieter bis zur bezahlten Bemusterung am Objekt muss allerdings in den Vorbemerkungen als Wertungskriterium aufgenommen werden, um Dumpingangebote von Luschen ausscheiden zu können.

Ein typisches Großproblem ist auch die verweigerte Mitwirkung des Tragwerksplaners an einer bestandsgerechten Planung. Er spart regelmäßig seine Grundleistung „Aufstellen von Leistungsbeschreibungen als Ergänzung zu den Mengenermittlungen als Grundlage für das Leistungsverzeichnis des Tragwerks“ ein. „Das haben wir noch nie gemacht“ ist die Ansage, wenn ein kenntnisreicher Planer nach dieser unverzichtbaren Grundleistung fragt.

Dabei müsste hier eine vollumfängliche VOB-gerechte Leistungsbeschreibung gem. Anforderungskatalog VOB/A § 9 erfolgen, die jeder im gleichen Sinne verstehen muss – also mit:

- zugehöriger detaillierter Werkplanung in Dreitafelprojektion
- Wandabwicklungen
- Deckenaufsichten
- usw.

Nur gute Tragwerksplaner wissen, was das heißt, und kassieren die altbautypischen Honorarzuschläge zu Recht. Die anderen suchen und liefern Ausflüchte. Also: Finger weg von Tragwerksplanern, die noch nie eine qualifizierte Leistungsbeschreibung abgeliefert haben. Andernfalls muss der Planer nachbessern. Dafür seinen Honoraranspruch durchzusetzen, ist nicht gerade die leichteste Übung. Prinzipiell gilt die Forderung nach bestandsgenauer Planungsdetaillierung auch an die anderen Fachplaner. Bekommen wird man sie auch von dort nur mit viel Nachdruck, wenn überhaupt.

Auf die missbräuchliche Handhabung der Ausschreibung im Korruptionsfall, gar nicht so selten bei den mindestsatzunterschreitenden Planern, kann hier nicht weiter eingegangen werden. Nur so viel:

Suchen Sie nach **verbotenen Vorgaben** für vergleichbare (sog. „homogene“) Produkte, und achten Sie auf **wertungsverfälschende Luftpositionen** für nicht erforderliche Bauleistungen. Und zwar am besten, bevor der Rechnungsprüfer das tut und die Fördermittel zurückfordert.

Fazit: Allein mit einer guten Ausschreibung könnte der Planer das Zigfache seines Honorars einspielen. Oder eben nicht.

7. BAUABLAUF

Das Positionsbausteinsystem verringert dann im Bauablauf das Kostenrisiko. Termine und Zahlungen können damit besser organisiert werden. Das hilft auch, weiter entfernte Projekte mit Bauleitung oder Oberbauleitung zu betreuen.

Der Bauleiter muss aber auch die Bestandssicherung durch Schutzkonstruktionen, Baustellenordnung, Überzeugungsarbeit bei allen Beteiligten und Fortschreiben der Planung immer wieder verteidigen. Zusätzlich zu den inzwischen vorgeschriebenen Aufgaben der Sicherheits- und Gesundheitsschutz-Koordination gem. Baustellenverordnung. Vieles, was vor Baubeginn erdacht wurde, muss dann im Bauablauf nochmals auf den Prüfstand. Eine systematische Bauvorbereitung liefert dafür die erforderlichen Zeit- und Kraftreserven.

Und genau darum geht es, wenn im Bauablauf der gerade bei öffentlichen Vergaben oft unvermeidbare Krieg mit unbekannten Firmen um die kostenexplosiven Nachträge entbrennt:

- um falsche, nicht prüffähige Handwerkerrechnungen,
- um unberechtigte Forderungen,
- um Unterschleiftechnik der Firmen, die ihre arbeitsaufwendige Qualitätsarbeit hinter oder vor dem Rücken des Bauherrn und der Bauleitung gegen größtanzunehmenden Pfusch und diffizil geplante und kostengünstig ausgeschriebene Reparatur

doch gegen allerteuerste Bestandszerstörung und Kompletterneuerung durchsetzen wollen.

Wobei selbstverständlich nur die öffentliche Ausschreibung mit nicht von Herstellerseite stammenden, konstruktiv entwickelten und garantiert produktneutralen Leistungsverzeichnissen (wo gibt es die sonst, bitte schön?) Gewähr dafür bietet, kostengünstig gute Bauqualitäten durchzusetzen.

Dass gerade unsere öffentliche Bauverwaltung das bevorzugte Opfer für korruptive Manipulation der Ausschreibung in nahezu allen Gewerken ist, dürfte inzwischen ein offenes Geheimnis sein. Ich frage diesbezüglich gerne die auch in mein Büro hereinschneienden Produktvertreter aus – und gerne erzählen sie bei entsprechender Nachfrage, wie weit ihre „verkaufsunterstützende Serviceleistung" auch bei den öffentlichen Bauämtern in ihrem Beritt geht. Genau das lohnt sich ja immer ganz besonders – angesichts der dort üblichen Bauvolumina. Wie schlecht muss wohl die Rechnungsprüfung sein, dass sie derartige Sauereien offenbar als verwaltungsübliche Praxis durchgehen lässt? Die bekannten drei Ausreden – gestalterische Vorgabe, einheitliche Gewährleistung, besonders bewährte Baustoffe und ein paar weitere Scheinheiligkeiten dürfen dafür im Prüfungsfall genügen. Wenigstens solch unfähige Rechnungsprüfer sollten wir uns also sparen, wenn der gerade auch durch Baukorruption immer weiter überzogene Staats-, Kommunal- und Kirchenhaushalt immer weiter zusammengestrichen werden muss …

8. PLANUNGSVORAUSSETZUNGEN – DAS PLANUNGSHONORAR –

Die genannten Planungsleistungen fordern entsprechenden Einsatz, vertragsrechtliche und wirtschaftliche Absicherung. Der Bauherr braucht dafür Einblicke in die Vernetzung von Bauvorbereitung und -ergebnis. Die beiden sinnvollen Stufen der Vorplanung kosten etwa 10 % der Gesamtbaukosten für größere bis 15 % für kleine und mittlere Vorhaben. Darin enthalten ist etwa 50 % des ohnehin anfallenden Planungshonorars.

Ausgerechnet bei der Bauvorbereitung behindern die üblichen Sparstrategien und Pauschalierungen aber ein gutes Planungsergebnis – nach dem Motto: „Saving the Penny and losing the Pound". Eine angemessene Investition in die Planung könnte das eigentlich verhindern. Mit der Einbeziehung der mitverwendeten Bauteile in die honorarfähigen Baukosten ist die sparsame, aber planungsintensive Substanzerhaltung zu belohnen – der ökonomische Hebel. Unsere Gebührenordnung fordert zwar dieses Denkmalpflegehonorar, seine Vereinbarung ist dank vieler sonstiger auf ihre Kosten kommenden Mindestsatzunterschreiter eher selten. Der Bauherr zahlt eben lieber mehr Baukosten und erspart sich Planungsaufwand. Und er vermeidet es sozusagen um jeden Preis, inhaltliche anstelle nur preisbezogene Vergabekriterien zu berücksichtigen:

INHALTLICHE VERGABEKRITERIEN FÜR DEN PLANUNGSAUFTRAG

Trägt die vom Bewerber gewählte **Methode der Bestandserfassung** zur Planungs- und Kostensicherheit bei, oder ist sie vorrangig eine am Denkmal erwünschte Inventarisationslösung bzw. mangels Intensität am rechten Platz die Vorbereitung der nachfolgenden Kostenexplosion?

Dienen die **Entwurfsprinzipien** des Bewerbers der besonderen **Wirtschaftlichkeit** des Vorhabens oder der Planereitelkeit?

Hat der Bewerber ausreichende **Kenntnisse zu altbautauglichen Baustoffen** und -verfahren zur technischen Bewältigung der Baumaßnahme oder will er nur produkttypische Neubaunormen erfüllen?

Mit welcher **Methodik** will der Bewerber die **Kosten ermitteln**, um eine zuverlässige Finanzierungsgrundlage zu erhalten?

Welche **Einblicke in das Förder- und Abrechnungswesen** sowie in Kosten-Nutzen-Berechnungen kann der Bewerber in die Projektfinanzierung einbringen?

Kennt er die Möglichkeiten des **Sponsorings**?

Mit welchen **Ausschreibungsmethoden** will der Bewerber absichern, dass qualifizierte Unternehmen auf wirtschaftlich besonders überzeugende Angebotspreise den Zuschlag erhalten und entsprechend ihren Preisen später abrechnen?

Greift er in die Mottenkiste des Standardleistungsbuchs bzw. verwandter Systeme, strickt er selbst an unstrukturierten Texten herum, ist er **VOB-sicher**?

Welche **qualitätssichernden Systeme** kann der Bewerber von der Bauaufnahme bis zur Bauüberwachung einsetzen?

Kann er durch **Omnipräsenz** verpasste Planungsvorgaben ausgleichen?

Welche **Kapazitäten** stehen ihm zur Verfügung?

Wie kann der Bewerber die vorgetragenen **Qualitäten dokumentieren**?

Wie oft hat er die behaupteten **Qualitäten** in Altbauprojekten **nachgewiesen**?

Wie sieht es mit **Kostenüberschreitungen** an vergangenen Projekten aus?

Was sagen die **beteiligten Behörden und Bauherren** (außer Gemecker zur Honorarfrage)?

DER PREISWETTKAMPF – AUSSCHREIBUNG VON PLANUNGSLEISTUNGEN

Doch die Vergabewirklichkeit in Deutschland sieht anders aus, auch wenn ganz andere Maßstäbe als die formalen Honorartatbestände vernünftig wären:[19]

"Eine Unterteilung von Planungsleistungen in einen kreativen und einen nichtkreativen Teil unter Orientierung an den jeweiligen Leistungsphasen der HOAI kann allerdings nicht als Maßstab dafür dienen, Leistungen von Ingenieuren und Architekten etwa nach der Leistungsphase 6 des § 15 Abs. 2 HOAI beschreibbar zu machen.

Zum einen sind die Leistungsbilder der HOAI völlig ungeeignete Hilfsmittel für die eindeutige und erschöpfende Beschreibung von Planungsleistungen, da sie gem. § 2 Abs. 2 HOAI lediglich beispiel-

19 Rechtsanwalt Male Müller-Wrede, Die Bedeutung der Mindestsatzregelung der HOAI für die Vergabe von Planungsleistungen im Rahmen der VOF, in: Zeitschrift für Vergaberecht ZVgR, 1. Ausgabe 1998, S. 375-379.

haften Charakter haben, um die Honorarfindung zu erleichtern.

Zum anderen hat der BGH in einer neueren Entscheidung ausdrücklich darauf hingewiesen, dass dem staatlichen Preisrecht der HOAI über den in § 1 HOAI definierten Anwendungsbereich hinaus keinerlei ergänzende Bedeutung zukommt.

Jegliche Bestrebungen, die Gebührentatbestände der HOAI außer für die Berechnung der Entgelte für die Leistungen der Architekten und Ingenieure heranzuziehen, wären somit von der gesetzlichen Ermächtigungsgrundlage für die HOAI, dem Gesetz zur Regelung von Ingenieur- und Architektenleistungen, nicht gedeckt. Daher verbietet sich aufgrund der Rechtsqualität und des lediglich beispielhaften Charakters der Honorarvorschriften ein Rückgriff auf die HOAI, um Architekten- und Ingenieurleistungen eindeutig und erschöpfend beschreiben zu können.

Vielmehr ist darauf abzustellen, ob die jeweilige freiberufliche Leistung eines Planers dergestalt beschrieben werden kann, dass der Bewerber im offenen oder nicht-offenen Verfahren in der Lage ist, ohne Rücksprache mit dem Auftraggeber und ohne umfangreiche Vorarbeiten ein Honorarangebot abzugeben. Von wenigen Ausnahmen abgesehen, setzt eine derartig detaillierte Leistungsbeschreibung gerade die Planungsleistung voraus, die nachgefragt wird."

Damit ist klar, dass Kostenangebote im Planungsbereich keine brauchbaren Vergabekriterien liefern können. Die Ergebnisse solcher Vergaben auf Kosten sowohl der Denkmalsubstanz als auch – logische Folge – der Bauherrenkasse beweisen das zur Genüge. Dass es immer wieder dazu kommen wird, hat vor allem einen Grund:

Das „übliche" Honorar ermöglicht keine altbaugerechte und kostendämpfende Planungsintensität.

Handwerkszeug des Architekten. Es bedarf einiger Mühe, dass es im Glanz erstrahlen darf. (Meersburg, Neues Schloss)

Die heilige Barbara, Patronin der Bauleute, mahnt zu werkgerechter Arbeit mit reinem Luftkalkmörtel (Kreuzganggewölbe-Fresko Kloster Neustift, Südtirol).

Dass Bauen am Denkmal auch ohne ständige Kostenüberschreitung und mit vergleichsweise wenig Mitteln auch gelingen kann, zeigen inzwischen genug wirtschaftlich und denkmalpflegerisch überzeugende Projektergebnisse. Über etwa 2.400 EUR Gesamtbaukosten (Kostengruppe 2-7 gem. DIN 276) je Quadratmeter Nutzfläche darf auch die denkmalgerechte Instandsetzung einer Fachwerkruine dann nicht kosten. Um die 1.800 EUR je Quadratmeter liegen wirtschaftlich durchgeführte „Generalsanierungen“ im Durchschnitt.

Der Altbaubestand und die Baudenkmale könnten also auch mit insgesamt sparsamerem Mitteleinsatz instandgehalten und weitergenutzt werden – wenn die Planung stimmt.

ANHANG
– FÜR PLANER IM ALTBAU –

DER PLANUNGSVERTRAG – VERHANDLUNGSTIPPS –

... vielleicht nützlich:

1. Kalkulieren Sie vor der Honorarverhandlung zuerst den voraussichtlichen Leistungsaufwand, um Ihre echte **Schmerzgrenze** kennen zu lernen.

Die Mindestsätze sind die absolut unterste Schwelle, um wenigstens irgendwie über die Runden zu kommen und wenigstens ein zwar riskantes, mit ganz viel Glück vielleicht gerade noch ausreichendes Mindestmaß an korruptionsfreier Leistung bringen zu können. Mindestsatzunterschreitung durch falsche Zoneneinordnung, Grundleistungsprozentabschneiden und unzutreffenden Ansatz für Mitverwendete Bausubstanz gem. HOAI § 10, 3.a führt ins Verderben.

2. Schaffen Sie eine **persönliche Beziehung zum Entscheider**, um über Ihre menschlichen Qualitäten Ihre fachlichen Vorzüge überhaupt rüberzubekommen. Suchen Sie deshalb vor der eigentlichen Verhandlung Gemeinsamkeiten an Erfahrungen, Vorlieben, Einstellungen, Meinung – aber keine unredliche Anbiederung. Gönnen Sie dem Gegenüber Anerkennung, hören Sie ihm zu, wenn er seine Vorstellungen vorträgt, stellen Sie präzise Rückfragen, versetzen Sie sich in die Lage Ihres Gegenübers, achten Sie seinen Status und seine Ziele, seine Autonomie, vermeiden Sie ihn mit unangemeldeten Überraschungen in Verlegenheit zu bringen, halten Sie Vereinbarungen und Absprachen zuverlässig ein.

Und bringen Sie Ihre Position ebenso präzise und nicht weitschweifig auf den Punkt – niemand hat heutzutage Zeit für sinnloses Geseiere.

3. Nur am Preis ist selten ein Auftrag gescheitert. Versuchen Sie auch persönlich in Ihrer Leistungsbereitschaft und erwiesenen Leistungsfähigkeit (nicht nur Nachlassbereitschaft!) zu überzeugen. Versuchen Sie den **Verhandlungspartner versuchsweise mal in Ihre Rolle** zu versetzen – Sie wollen Topleistung erbringen, Ihre ganzen Kompetenzen dem Projekt ungeteilt zukommen zu lassen, dabei immer das Allerbeste für Ihren Kunden herausschlagen und durchsetzen – doch das fordert ein faires Honorar, oder nicht?

4. Ihr Gegenüber weiß: Was nichts kostet, ist nichts wert. Fast die Hälfte der Kunden legen inzwischen doch mehr **Wert auf Qualität** und sind bereit, etwas mehr dafür zu bezahlen. Die Geiz-ist-geil-Mentalität ist mehr und mehr überholt. Entscheidend ist für den Kunden das Kosten-Nutzen-Verhältnis. An diesem Thema müssen Sie arbeiten. Mehr dazu siehe unten.

5. **Sorgenfreiheit** ist ein TOP-Auftrags- und Kaufmotiv. Wenn Sie dem Kunden klar machen können, welchen Grad an technischer, wirtschaftlicher und denkmalpflegerischer Problem- und Sorgenfreiheit Ihre anständige, korruptionsfreie und ausreichend intensivierte Projektplanung absichert, haben Sie bedeutende Pluspunkte. Das kostet aber Zeit! Übrigens: Nicht immer will der Kunde wirklich das, was er Ihnen gegenüber behauptet. Alles cum grano salis.

6. Bieten Sie dem Kunden einen **Leistungskatalog**. Er soll definieren, was er will, was er braucht, was er sich leisten möchte. Mein Planungsvertrag-Muster bietet hier gute Argumentationshilfe, den komplexen Leistungskatalog im Altbauprojekt zu kommunizieren. Und erklären Sie ihm, welche

Probleme er sich einkauft, wenn er auf empfehlenswerte und gerade seine Ziele begünstigenden Leistungen (ahnungslos und dummerweise?) verzichtet. Kein „Saving the Penny and losing the Pound"!

7. Bieten Sie **keine Preis-Pistolenschüsse**. Nie einen Preis nennen, der die voraussehbar illusionäre Preisvorstellung des Kunden übertrifft. Teilen Sie lieber mit, was andere für Ihre guten Leistungsangebote zu bezahlen bereit waren (Altverträge bereithalten), welche Vorteile das ihnen brachte (Kosten- und Terminsicherheit, niedrige und korruptionsbefreite Baukosten bei dennoch normalem Honorar). Da möchte der Kunde dann vielleicht auch hin.

8. Wenn Ihnen **Mindestsatz unterschreitende Höchstgrenzen** genannt werden, erläutern Sie, dass der Kunde eher ein **maßgeschneidertes Leistungsangebot** nach ausreichender Beratung braucht, als nur die Erfüllung einer formalen und in der Sache vielleicht sinnlosen Preiserwartung (die im Ergebnis zu erhöhten Ausführungs-, Kosten- und Terminproblemen führen muss).

9. Bereich **Fachplanung**:

9.1 Sie bieten selbst Fachplanung an

Erklären Sie dem Kunden, worauf Ihre Mitbewerber verzichten, um dermaßen Mindestsatz unterschreitend anbieten zu können.

Beispiel Tragwerksplanung:

99 % Ihrer Mitbewerber unterschlagen z. B. die Grundleistung 6 – Leistungsbeschreibung als Beitrag zum Leistungsverzeichnis. Die verbraucht als VOB-gerechte, von jedem Bieter im gleichen Sinn zu verstehende Beschreibung aller mit der Tragwerksplanung verbundenen Leistungen (auch Freilegung, Zwischensicherung, Wiederverschluss tragwerksbedingter Bauwerksöffnungen usw.) aber bis zu 70 % Aufwand

des Gesamtauftrags, leistet aber auch den wesentlichsten Beitrag zur Abwehr von ungerechtfertigten Nachträgen und der Kostendämpfung überhaupt. Allein die sachgerechte Erbringung dieser Grundleistung rechtfertigt das nicht Mindestsatz unterschreitende Honorar über alle Leistungsphasen bis 6. Legen Sie dazu ein Muster Ihrer perfektionierten Leistungsbeschreibung vor, und fordern Sie den Kunden auf, so etwas von den Mitbewerbern einzufordern. Garantie: Die wissen erst mal nicht, wovon die Rede ist, und suchen dann krampfhaft nach Ausreden (hier ein Positionsplan, hier eine Mengenberechnung, hier eine Stückliste Stahl usw.). Auch die Beiträge zur Kostenberechnung oder die nicht gegebene LV-Qualität gem. VOB im Haustechnikbereich bieten hier reichlich Unterscheidungsmerkmale.

Und so können Sie ein sachgerechtes, im Ergebnis baukostensparendes Honorar durchsetzen. Wenn nicht, war es eben nicht Ihr Bauherr.

9.2 Externe Fachplaner arbeiten Ihnen als Gebäudeplaner zu[20]

Bestehen Sie aus eigenem Überlebensdrang auf die volle Fachplanungsleistung als auftraggeberseits zu liefernde Zuarbeit. Lassen Sie sich das im Vertrag absichern, sonst schauen Sie später bei der typischerweise verweigerten Leistungsqualität vieler Fachplaner in die Röhre. Der Bauherr hält zu den leistungsverweigernden Fachplanern (sonst müsste er ja denen mehr Honorar zugestehen, meist sind deren Verträge ja der Gipfel der Mindestsatzunterschreitung), und letztere spreizen sich, da sie ja kein auskömmliches Honorar erwirkt haben. Und so liefern Sie als Gebäudeplaner ohne Honorar die fachplanerseits verweigerten Planungs- und Überwachungsleistungen. Was einen irre Aufwand

20 Meine Anmerkung: „der Horror".

schon allein für die daraus resultierenden Umplanungen und Nachtragsverfahren bedeutet. Und setzen Sie dann mal Ihren Anspruch auf die Nachplanung im Fachplanungsbereich durch! Sie schulden das ja im Rahmen der Ihnen gerichtlich von den normalerweise architektenhassenden Richtern (haben ja schon selbst mit einem Mindestsatz unterschreitendem Versager gebaut) zugemuteten Werkplanungsvertragskiste. Besser vorvertraglich klarmachen, dass ein typischerweise volldepperter corbunickelbebrillter Ästhet niemals die fehlenden Beiträge der hochingenieusen Fachplaner (Verneig, Buckel, Hut ab!!!) qualifiziert erbringen kann. Geschweige denn, ohne Honorar. Wenn der Auftraggeber das nicht einsieht, hätte er Ihnen sowieso später im Verein mit „seinen" billigheimernden Fachplanern das Kreuz gebrochen. Und noch gelacht dabei. Wenn es aber gelingt, schwitzen die Fachplaner und Sie als Gebäudeplaner lachen.

TIPP: Studieren Sie nicht nur die **Kommentare zu Ihren HOAI-§§,** sondern zum Selbstschutz auch die **§§ der Fachplaner**!!! Damit sind Sie zumindest jedem Fachplaner, sowieso jedem vertragsverhandelndem Baubeamten und selbstverständlich jedem sonstigen Bauherren um Lichtmeilen voraus. Das lohnt sich! Natürlich auch für Bauwerk und Bauherr.

10. Selbstzweifel stören. Wenn Sie selbst nicht an Ihre überlegene Qualität glauben, möglicherweise berechtigt, lassen Sie's. Ihre innere Haltung wirkt nach außen, sie verlieren nicht nur den Auftrag, sondern auch die Reste Ihres Rufs.

Zeigen Sie Ihre Leistungen als unvergleichbar auf. Nennen Sie dabei aber auch die zusätzlichen

Kosten, die Ihnen das Angebot unter Mindest- bzw. sonstig erforderlichem Honorarsatz verbieten.

11. Das Totschlagargument „Preis" kann nur durch qualifizierte **persönliche Beziehung** ausgehebelt werden. Sonst nicht. Wenn Sie an den Entscheider, der sich meist in den Finanzetagen befindet, nicht herankommen, sagen Sie möglichst schnell „Tschüss". Sonst steigt der vergebliche Akquisitionsaufwand ins Unermessliche.

12. Mehr bieten statt weniger verlangen. Nur für Mehrwert wird auch Mehrpreis durchsetzbar. Klären Sie vor der Verhandlung die üblichen Probleme Ihres Zukunftskunden, zeigen Sie ihm auf, dass Ihre Leistungen genau hierbei besonders problemlösend sind.

13. Kundenwünsche durch Kontrollfragen absichern. „Habe ich Sie richtig verstanden, dass Sie ... wollen?; Angenommen, wenn ...; Wenn das nicht so wäre...". Aufklären, aufklären, aufklären. Um nicht am Kundenwunsch vorbeizubieten.

14. An den **Entscheider** herankommen. Oft ist ein Subalterner mit der Angebotseinholung beauftragt. Die Entscheidung wird dann im Hinterzimmer von Verwaltungsleuten, Politikern, Feiglingen und/oder Architektenhassern gefällt („Unsere Rechnungsprüfung lässt das nicht durchgehen!", heißt es dann z. B.). Vielleicht auch von Schmiergeldempfängern. Wenn Sie nicht persönlich mit den Entscheidern die obigen Punkte und Nutzwertinformationen abhandeln können, ist Ihr Aufwand sicher ergebnislos. Denn bei Uninformierten entscheidet nur der Preis, der Ihnen dann noch nicht einmal gegönnt wird, sei er noch so schlecht. Und hier wird die brutalste Mindestsatzunterschreitung sicher siegen.

BEISPIELRECHNUNG BAU- UND PLANUNGSKOSTEN IM ALTBAU

Hier zwei Beispiele als Überblick für eine Honorarermittlung gem. HOAI im denkmalgeschützten Altbau, aus denen auch die Honorardegression entsprechend den jeweils anrechenbaren Baukosten deutlich wird:

- feuchtegeschädigte und verformte Holzkonstruktionen in Decken und Dach
- undichte Ziegeldeckung und Dachrinnen
- verbrauchte Raumoberflächen an Boden, Wand, Decke
- komplett erneuerungs- und modernisierungsbedürftige Haustechnik

... also eine Generalsanierung (Tabellen 6, 7 und 8):

TABELLE 6

	A) 500 qm² Nutzfläche	B) 5000 qm² Nutzfläche
Leistung	**Nettokosten EUR**	**Nettokosten EUR**
Baukosten Gewerke (BK)	650.000	6.500.000
Anrechenbare mitverarbeitete Bausubstanz	350.000	3.500.000
Summe anrechenbare Kosten Gebäudeplanung	1.000.000	10.000.000
Baukosten Tragwerk	305.500	3.550.000
Für Tragwerk anrechenbare mitverwendete Bausubstanz	160.000	1.600.000
Summe anrechenbare Kosten Tragwerksplanung	465.500	4.650.000
Baukosten GWA – Gas/Wasser/Abwasser (4 % BK)	26.000	26.000
Baukosten HL – Heizung/Lüftung (5 % BK)	32.500	325.000
Baukosten E – Elektro (4,5 % BK)	29.500	292.250

TABELLE 7

Planungskosten		
Bestandspläne	30.000	150.000
Schadensaufnahme, -analyse und -dokumentation	30.000	150.000
Honorar für Grundleistungen Gebäude, HZ – Honorarzone 4 Mitte, UZ – Zuschlag für Umbau/Modernisierung 30%, NK – Nebenkosten für Reisen, Vervielfältigungen, Telekommunikation, Porto, ... 10%	152.300	1.249.300
Honorar für Grundleistungen Tragwerk, HZ 4 Mitte, UZ 30%, NK 10%	64.200	385.270
Honorar für Grundleistungen G/W/A, HZ 2 Mitte, NK 10%	8.560	48.700
Honorar für Grundleistungen H/L, HZ 2 Mitte, NK 10%	10.240	58.600
Honorar für Grundleistungen E, HZ 2 Mitte, NK 10%	9.410	53.980

TABELLE 8
ZUSAMMENSTELLUNG UND KOSTENVERGLEICH

	Nettokosten A (NF 500)	%	**Nettokosten B (NF 5.000)**	%
Baukosten: 1.300 EUR/m^2	650.000	68,08	6.500.000	75,62
Planung Gebäude				
Bestandsaufnahmen	60.000	6,28	300.000	3,49
Grundleistungen	152.300	15,95	1.249.300	14,53
Planung Tragwerk	64.200	6,72	385.270	4,48
Planung G/W/A	8.560	0,90	48.700	0,57
Planung H/L	10.240	1,07	58.600	0,68
Planung E	9.410	0,99	53.980	0,63
Gesamtsumme	954.710	100,00	8.595.850	100,00
Planungskosten gesamt	304.710	31,92	2.095.850	24,38

Da kommt der Bauherr ins Grübeln, oder? Bei gleichen Baukostenansätzen von jeweils 1.300 EUR/m² (die bei zehnfach größerem Bauvolumen bestimmt auch etwas günstiger ausfallen werden) einmal Gesamtbaukosten von 1.909 EUR/m² bei 500 m² und dann 1.719 EUR/m² bei 5.000 m² Nutzfläche? Und unterliegt er nicht immer auch dem staatlich induzierten Wahn, Planung darf max. 10–15, keinesfalls deutlich über 20 Prozent kosten – was bei öffentlichen Großneubau- und Herausschmeißvorhaben 20 Mio. EUR aufwärts durchaus zutreffen kann?

Und jetzt? Da heißt es freilich immer – und beteiligte Förderbehören helfen da gerne mit: Runter mit den „übertriebenen" Planungskosten, die jedoch im Einklang mit der fairen HOAI und den Anforderungen, die dann später beim Prozess gegen den Architekten vom Gericht gestellt werden, stehen! Und (fast) jeder macht doch mit, oder?

Freilich ist klar, dass die Planungskosten nach HOAI kein Pappenstiel sind. Doch denken Sie mal vergleichsweise an ein Flugzeug. Soll es fliegen können und sicher wieder landen? Ist dafür nur die Schrauberei der Monteure verantwortlich? Oder ist es nicht auch ein kleines bisserl das Verdienst der Konstrukteure? Wobei Einzelobjekte als Prototypen logischerweise einen bedeutend höheren Planungsanteil haben müssen, als 08/15-Massenprodukte. Und warum soll das nun bei Altbauplanungen anders sein? Aber egal, wenn es Billigplanung schon gibt, wird sie doch bestimmt sehr gut sein, oder? Warum also sollte sich ein raffinierter Bauherr etwas mehr für irgendwas leisten, wenn er es doch an jeder Straßenecke auch billiger hinterhergeschmissen bekommt? Doch ist das dann auch die gleiche Leistung, nur zu „besserem" Preis, wie es auch bei „Planungsleistung" bestimmt gerne – unter erfahrener Nutzung der kaufskeptischen Kundenpsychologie – suggeriert wird?

DIE VORTEILE ECHTER ALTBAUPLANUNG

Welche handfesten **Vorteile** darf und muss der Bauherr sich denn von **einer „echten" Planungsleistung** erwarten? Vielleicht Folgendes?

1. Eine ausreichend sorgfältige, aber bestimmt nicht gutachtermäßig überzogene **Bestandsaufnahme** mit dem Ziel einer baukostenminimierenden Reparatur der geschädigten und oft auch erheblich verformten Bereiche. So lässt sich der kostentreibende Austauschbedarf noch wiederverwendbarer Bauteile entscheidend verringern. Die dann mögliche Weiterverwendung der trotz Teilschädigung noch ausreichend brauchbaren Konstruktionen spart Kosten – ohne wesentliche Einschränkung der Gebrauchstauglichkeit. Oft wird eine solche Bestandsaufnahme auch einige Bauteilfreilegungen in kritischen Bereichen benötigen, um Spekulationsrisiken sinnvoll einzugrenzen und für das noch Unentdeckte ausreichend Bedarfspositionen einzukalkulieren (ca. fünf Prozent sollten dafür ausreichen!). Die gleichwohl erforderlichen Neuteile lassen sich nur mit sicherer Kenntnis der Bestandskonstruktion und -baustoffsysteme sowie mit Hilfe von verformungsgetreuen Detailbestandsplänen ohne Abstoßreaktionen und spätere Mehrkosten für eigentlich vorhersehbares „Unvorhersehbares" anpassen.

2. Eine intensive **Beratung des Bauherrn über die kostensparenden Effekte der Substanzerhaltung**. Unprätentiöse Aufklärung über die Möglichkeiten des bescheidenen Bauens, zur für die Bestandserhaltung und Mitverwendung beste Reparaturstrategie mit Konstruktions- und Baustoffwahl nach traditioneller Manier. Dabei geht es vor allem auch um angemessene Strategien bei der Tragwerksreparatur und -ergänzung sowie technisch, ökologisch und gesundheitlich

vorteilhafte Modernisierung der technischen Ausrüstung (Beispiel: Hüllflächentemperierung anstelle Heizluftkonvektion). Die ästhetische Selbstverwirklichungsplanung mit platin-, gold- und silbergefassten Kristallen im Zeitgeschmack – aber zu Lasten des Bestands und der Bauherrenkasse – muss nicht immer die Vorzugsvariante sein!

3. Eine ausreichend detaillierte **Entwurfsplanung**, die möglichst ohne teure Änderung der vorhandenen Baustruktur die Nutzungsansprüche des Bauherrn erfüllt und dank rechtzeitiger Vorverhandlungen und Beratungen die baurechtlich drohenden Einschränkungen (Denkmalschutz!, EnEV!!) zu Gunsten des Bauherrn ausräumt, möglicherweise sogar durch geschickte Verhandlungsführung schöne Zuschüsse ans Land zieht.

4. Eine konfliktarme **Genehmigungsplanung** durch ausreichende Vorverhandlungen mit den beteiligten Behörden und Durchsetzung erforderlicher Ausnahmeregelungen.

5. Eine in Einheitspreispositionen der Baugewerke detaillierte **Kostenberechnung** als entscheidende Voraussetzung für noch rechtzeitig kostendämpfende Planungsänderungen, für die budgetsichere Baufinanzierung und die Kostenkontrolle während der Vergabe sowie Bauabwicklung.

6. Eine intensive, produktneutrale und substanzgerechte **Ausführungsplanung** – mit Ausnahmen und Alternativen oft auch außerhalb der kostentreibenden DIN-Vorschriften und fern jeder missverstandenen Autoritätsgläubigkeit – als Voraussetzung für eine nachtragsarme Vergabe und Bauabwicklung mit technisch überzeugendem und trotzdem preisgünstigem Gesamtergebnis. Diesbezügliche Koordination und Kontrolle auch der Haustechnikplanung! Wenige Bauherren haben ja wirklich

Spaß daran, nach Abschluss der Baumaßnahme bald weiterzumachen mit all den Schäden, die aus ungeeigneter und substanzfeindlicher Ausführungsplanung geradezu zwangsläufig entstehen müssen und die Baumaßnahme zur unbefriedigenden Dauerbaustelle bis zum Lebensende werden lassen. Wobei es natürlich klar ist, dass technisch besonders belastete Bereiche von der Fassade bis zur Haustechnik nur mit angemessenen Instandhaltungsroutinen zufriedenstellend funktionieren können. Merke: Den wartungsfreien Bau gibt es nicht und wird es niemals geben.

7. Eine nahezu alle später erforderlichen Bauleistungen in Haupt- und Bedarfspositionen erfassende produktneutrale und ausreichend detaillierte **Leistungsbeschreibung** als rechtssichere Vertragsgrundlage für die Ausschreibung und Vergabe mit Angebotsregelungen und -prüfungen, die die Vergabe in allen Gewerken an den tatsächlich am besten geeigneten und insgesamt wirtschaftlichsten Bieter sicherstellt, Bieterabsprachen zu Lasten des Bauherrn verhindert und ausreichende Möglichkeiten zur weiteren Kostendämpfung eröffnet.

8. Eine intensive **Bauleitung** mit qualitäts- und terminsichernder Baukontrolle der Handwerker und kostendämpfender Fortschreibung der Ausführungsplanung bei nicht immer ausschließbarem Ergänzungsbedarf. Bauen im Bestand kann so zum einmaligen Erlebnis werden – im besten Sinne auch für den Bauherren.

9. Eine ausreichend kritische und prüffähige **Kontrolle aller Baurechnungen**.

10. Ein erfolgreiches Durchsetzen der nie mit letzter Sicherheit ausschließbaren **Mängelbeseitigung** im Bauablauf sowie der nach Leistungsabnahme notwendigen Gewährleistungsansprüche.

11. Im Ergebnis kann nur eine **ausreichend finanzierte intensive**

Planung von A-Z sicherstellen, dass die Baumaßnahme nach den Wünschen des Bauherrn gelingt: Kostengünstig und -sicher insgesamt, terminsicher und qualitativ hochwertig in technischer und gestalterischer Ausführung. Insofern sind die Kriterien bei der Vergabe von Planungsleistungen nur entsprechend erfolgreich abgeschlossene Bauvorhaben, und nicht „Wird-schon-klappen-Versprechungen" inkl. „Da lasse ich nochmals 10 % nach". Es geht also nicht um billigere Planungskosten, sondern um die letztlich entscheidenden Gesamtbaukosten und das dafür erreichte Bauergebnis. Und nur hier lässt sich Spreu vom Weizen trennen. Was nützt also die Billigplanung, wenn später die Gesamtkosten explodieren – bis zu 11.000 EUR/qm^2 sind da locker drin, wie Altbauvorhaben des Bundes in Berlin erst jüngst bewiesen – und genügend mehr oder weniger verborgener Baupfusch angeliefert wurde?

Dabei soll nicht verschwiegen werden, dass Bauen ein komplexes und auch bei sorgfältigster Planung nicht risikoloses Geschehen ist, das immer wieder unvorhersehbare Konflikte aufwerfen kann. Gerade bei der Konfliktlösung ist aber eine unterfinanzierte Planung bestimmt am wenigsten in der Lage, immer die für den Bauherrn vorteilhaftesten Lösungswege zu finden, die die Baukosten dämpfen und damit auch den Honoraranspruch verringern. Wer seine Leistung zum Unterangebot an den Mann bringt, ist doch nach den ehernen Gesetzen der Logik am ehesten bestrebt, alle denkbaren (und undenkbaren) Möglichkeiten der Honorarerhöhung und Leistungsverminderungen hinter dem Rücken und auf Kosten des Bauherrn zu nutzen – oder sehen Sie das anders?

UNTERSCHLEIF UND PLANUNGSTRICKS DER BILLIGLUSCHEN

Natürlich gibt es verschiedene Möglichkeiten für den Planer, **seinen Aufwand zu minimieren und entsprechend weniger Planungskosten anzubieten**. Damit kommt man bei vielen ahnungslosen Bauherren doch am ehesten ins Geschäft, oder? Es wäre aber nicht schlecht, wenn der sparwütige Bauherr von den dafür **nutzbaren Möglichkeiten** etwas mehr wüsste:

1. Weniger Detaillierungsgrad über den gesamten Planungsablauf – also von der Bestandsaufnahme bis zur Bauleitung und Rechnungsprüfung.

Sichtbar wird dies an deutlich höherem Erneuerungsgrad nach bauindustriellen „Empfehlungen". Planungsaufwendiges Baukostensparen durch Substanzerhaltung und Reparatur entfällt. Ebenso viele altbautaugliche und gesundheitlich unbedenkliche, bewährte Baustoffe und Konstruktionen. Dafür gibt es eben eine wirtschaftlich, technisch und gesundheitlich nachteilige sowie möglichst kostenmaximierende Pfuschsanierung. Sie zerstört den Bestand völlig unnötig und gefährdet den Rest auf Dauer.

Beispiele dafür, die Sie auf so manchen Baustellen bestätigt finden werden (Liste ist unvollständig, siehe auch oben!):

- untaugliche Trockenlegungstechnik,
- zerstörerischer Sanierputz, und sonstig auf Altuntergründen (Mauerwerk, Putz, Naturstein) ungeeignete Zement- und Plastikmörteleien,
- Einsatz von untauglich rezeptierten Kalkmörteln und -anstrichen, kapillartrocknungsblockierende Synthetik- bzw. nur angebliche Mineralfarbanstriche, ebenso plastifizierte Tränkungen (Fassaden-Hydrophobierung, Festigungsmittel),

- übermäßig substanzzerstörende Deckenbalkenreparaturen mittels primitiver Balken-Beilaschung, Auswechslung auch von Balken mit genügender Resttragfähigkeit,
- kostentreibende Fachwerk-Brutalinstandsetzung,
- Fußboden-, Wand- und Deckenoberflächenerneuerung statt lokaler Reparatur, Fenstererneuerung anstelle preisgünstig ausgeschriebener Reparatur, technisch sinnlose Dämmstoffmaximierung vom Unterboden bis zum Dach mit programmiertem Schimmelbefall,
- Verarbeitung giftiger Primitiv-Holzschutzmittel, die den Bestand in Sondermüll verwandeln, die Gesundheit gefährden und bei späteren Reparaturen deswegen extrem höhere Kosten verursachen,
- Einsatz teurer, wenig effizienter und substanzgefährdender Heiztechnik sowie übermäßig substanzzerstörender Haustechniktrassierung,
- kaum detaillierte, angstzuschlagfördernde und nicht nachtragssicher ausgearbeitete Ausführungsplanung mit Minimal- und Alles-inklusive-Leistungsverzeichnissen für die kritischen Gewerke.

Was sind dabei die Risiken? Unnötig überteuerte Baukosten, Pfusch, Kostenexplosion, Terminchaos, wie es gerade am Altbau leider nicht unüblich ist.

Das ganze dann mit „Unvorhersehbar" zu erläutern, klappt angesichts der Zwänge aus laufender Baustelle meistens. Dabei ist es aber nur das logische Ergebnis einer zu geringen Bestandsuntersuchung und Planungsintensivierung und landet oft im Verdruss und vor Gericht. Und warum soll der schlecht bezahlte Planer eigentlich bei der Firmenrechnungsprüfung herumfieseln? Nachträge herausstreichen? Das würde doch auch das eigene, immer zu knapp bemessene Honorar schmälern! Wer steigt schon in Wahrheit und dann fast gratis und obendrein motiviert und gerne durch die Papierwüste, die uns die Baufirmen als Abrechnungen in die Post schmeißen? Vorsicht – 40-tägige Wüstentrips sind für Heilige und Auserwählte mit eisernem Gewissen, nicht für „normale" Menschen gedacht. Und das gilt auch für Sie selbst, oder?

2. Arbeitsintensive Planungen externalisieren, d. h. die Gewerkplanungen von Herstellern und/oder Baufirmen erstellen zu lassen. Die HOAI ist zwar nach umfangreichster gutachterlicher Auswertung des tatsächlich für „normale" Planung erforderlichen Leistungsbedarfs ausgegangen und hat dafür die Honorargesetzmäßigkeiten nach rechtsstaatlichen Grundsätzen entwickelt, sogar gesetzlich vorgeschrieben, aber wenn keine Kostendeckung da ist, wer kann es verübeln, dass dann Marscherleichterungen angesagt sind? Alleine das für das technische und wirtschaftliche Bauergebnis letztlich entscheidende sorgfältige Ausarbeiten der Ausführungsplanung und Ausschreibungsunterlagen verbraucht im Altbau ca. 60 bis 70 Prozent des gesamten Leistungsvolumens der Planung. Hier muss man also logischerweise zuerst ansetzen, wenn es zu mindern gilt.

Der besondere Trick ist dann, die Haustechnikplanung – immerhin ca. 2,5 bis 3,5 Prozent der Gesamtbaukosten (s. o.) – an ausführende Firmen zu vergeben, die man sich als Planer für solche Fälle „hält". Diese liefern dann bestenfalls bepreiste Stücklisten, keinesfalls aufwendig altbaugerecht beplante Brutaltrassierung und vorzugsweise kostenexplosive Anlagenbestückung vom Feinsten. Als Ausgleich für ihre „kostenlosen" Mühen dürfen die Firmen dann an der „Ausschreibung" teilnehmen. Dafür sorgen sie natürlich vor – sie bauen Luftnummern in den Leistungstext, auf den die anderen Wettbewerber hereinfallen und so dem braven Handwerksplaner den Auftrag zu seinen „Vorzugspreisen" sichern. Das schweißt Handwerks- und Ingenieurplaner untrennbar zusammen. Und verlagert die so erhöhten Kosten für die Technikplanung in die unverdächtigen Baukosten. Dieses Vorzugsmodell kann natürlich auch für alle anderen Gewerkplanungen genutzt werden.

Folge: Manipulative Produktwahl und Auftragsvergabe, höhere Baukosten, da sich der Aufwand für die zunächst umsonst die Planungsbeiträge bis zum fertigen Leistungsverzeichnis liefernden Firmen über die Baukosten wieder hereinspielen muss, oft ungeeignete und mit dem Bestand sich in keiner Weise dauerhaft vertragender Baustoff- und Konstruktionswahl (s. 1.) mit erhöhtem Erneuerungsanteil, teureren Produkten und damit erhöhte Baukosten (was das davon abhängige Planerhonorar witzigerweise ebenfalls automatisch steigen lässt). Was modernes Bauen trotz allerbester Normerei auf Dauer leistet, haben viele Neuzeit-Konstruktionen wohl mehr als hinreichend bewiesen. Nicht nur bei den reihenweisen Dacheinstürzen im kaum global erwärmten Winter 2005/06.

Was Bauherren bei der Qual der Wahl unbedingt als unerbittlicher Prüfstein der Planerneutralität und Leistungsfähigkeit zu empfehlen ist, wäre folglich ein Vergleich von original mit Preisen ausgefüllten Leistungsverzeichnissen vergleichbarer Projekte, z. B. in den Gewerken Zimmerer (Dachstuhlinstandsetzung) und Putzer/Maler (Fassadeninstandsetzung).

Gibt es – in Deutschland bei staatlichen und kirchlichen Bauvorhaben sowie staatlich geförderten Bauvorhaben vergaberechtlich unzulässige Firmen- und Produktbenennungen für Allerweltsleistungen (wie Putz und Anstrich) im Text des Leistungsverzeichnisses (auch

„oder gleichwertig" ist unzulässig), ist meist davon auszugehen, dass eine manipulative Einflussnahme zum Schaden des Bauherrn vorliegt.

Werden Firmen/Produkte genannt, ist es den Bietern im sog. Wettbewerb außerdem ein Leichtes, über diese hintenrum ein Bieterkartell zu schließen und den Auftrag dem, der diesmal dran ist, zuzuschanzen. Dass dabei oft auch Betrag X für den dies begünstigenden Ausschreiberling abfällt, liegt auf der Hand.

Es kommt also durchaus darauf an, was man für ein bestimmtes Planungshonorar erhält, denn was nutzt es, bei den Planungskosten vorne zu sparen, um sich dann hintenrum mit abgekarteten Abscheulichkeiten austricksen zu lassen. Kaputtsparen ist ja bestimmt keine Vorzugsvariante, auch nicht für einen Millionär und auch nicht für die gut betuchte öffentliche Hand als Bauherr. Oder doch?

3. Der letzte Ausweg, jedoch Standard, ist dann die Auftragsvergabe an billigstbietende Baufirmen. Folge: Vertragsbrüchige Minderqualitäten bei Leistung und Baustoffwahl, Termin- und Kostenexplosion dank raffinierter Nachtragsstrategie inkl. Drucktechniken wie Abrücken von der Baustelle zum denkbar ungünstigsten Moment oder gleich die Insolvenz nach ausreichend Vorschuss. Die Zeitungen sind voll davon – Sie haben es auch bemerkt.

Noch mit auf den Weg eine kleine, aber gut formulierte Binsenweisheit von John Ruskin[21], die Sie im Web an jeder Ecke nachgeschmissen bekommen:

„Es gibt kaum etwas auf der Welt, das nicht irgend jemand ein wenig schlechter machen und etwas billiger verkaufen könnte, und die Menschen, die sich nur am Preis orientieren, werden die gerechte Beute solcher Machenschaften.

21 Sozialreformer, 1819-1900

Es ist unklug, zu viel zu bezahlen, aber es ist noch schlechter, zu wenig zu bezahlen. Wenn Sie zu viel bezahlen, verlieren Sie etwas Geld, das ist alles. Wenn Sie dagegen zu wenig bezahlen, verlieren Sie manchmal alles, da der gekaufte Gegenstand die ihm zugedachte Aufgabe nicht erfüllen kann.

Das Gesetz der Wirtschaft verbietet es, für wenig Geld viel Wert zu erhalten. Nehmen Sie das niedrigste Angebot an, müssen Sie für das Risiko, das Sie eingehen, etwas hinzurechnen. Und wenn Sie das tun, dann haben Sie auch genug Geld, um für etwas Besseres zu bezahlen."

LAST, BUT NOT LEAST

Was will ein Bauherr wohl am meisten von seinem Planer, wenn es weniger um die Kriterien außerhalb des Preises und gar nicht um wirtschaftlich und technisch einwandfreies Bauen geht? Prestige durch Starplanung, keine einsamen und trüben Stunden mehr, sondern wohlige Kuschelwärme durch oftmaligen Besuch zur Plauderstunde? Auch wenn es dann mehr und mehr um Kostennachträge für neuen Luxus und Instandsetzungsbedarf geht? Ist das verdientermaßen das Vorzugs-Horrorszenario, das seine offenbar höchste Nachfrage im SM-Bauen auch richtig verdient?

Ganz umsonst deswegen mein gut gemeinter Rat an unterfinanzierte Bauherren und schlaue Geizlinge von Anfang an („bei mir wird und muss das Sparen klappen!"), die es so unendlich schwer haben, eins und eins zusammenzurechnen:

Sparen Sie sich das Bauen lieber gleich ganz, es kostet Nerven, manchmal die Partnerbeziehung und oft dank vornweg eingespartem Aufwand durch hintenrum folgende Kostenexplosion die Existenz.

Gegen Mietwohnungen ist doch nichts zu sagen, oder? Doch wenn Sie schon unbedingt pawlowmäßig nach Billigpfusch am Angelhaken schnappen müssen, bevorraten Sie ausreichend Beruhigungsmittel, die werden Sie später bestimmt gut gebrauchen können ;-)

Doch jetzt genug gespaßt:

Danke für Ihre Aufmerksamkeit, Pardon für manche Spitzen und aus ganzem Herzen: Viel Glück und Gottes Segen bei Ihrem Altbauvorhaben – Sie werden ihn brauchen!!!

AUTORENBIOGRAPHIE UND -KONTAKT KONRAD FISCHER

Geboren in Würzburg 1955 als Sohn des fränkischen Architekten Herbert Fischer und der siebenbürgischen Kirchenmusikerin Eva, geb. Möckesch,

1966-1975 Meranier-Gymnasium Lichtenfels, math.-nat. Zweig,

1975-1976 Grundwehrdienst bei den Panzerjägern in Mellrichstadt und Hammelburg, Ausbildung zum Betriebsstoffwart und LKW-Fahrer,

1976-81 Studium der Architektur an TU München, Abschluss Dipl.-Ing. Univ.,

1979 Übernahme des seit 1956 auf Sakralbau und Denkmalpflege spezialisierten Architekturbüros vom verstorbenen Vater,

1982-84 wiss. Volontariat am Bayerischen Landesamt für Denkmalpflege, parallel Büroleitung,

1984 Eintrag in Bayer. Architektenkammer BYAK,

1988 Heirat mit Petra geb. Bothe, Studienrätin für Mathematik und evang. Religionslehre, vier Kinder,

seit 1988 Seminarleitung und -vorträge zum Bauen im Bestand für Architekten- und Ingenieurkammern, Hochschulen u. a. Bildungsträgern im In- und Ausland, verschiedene Veröffentlichungen zur Denkmalpflege und Altbausanierung,

1990 Büroerweiterung mit Fachplanungsabteilungen Tragwerksplanung, Haustechnik und Hüllflächentemperierung,

Seit 1990 Beirat für Denkmalerhaltung der Deutschen Burgenvereinigung e. V., Vorsitz 1997 bis 2006,

1991 Verleihung der „Medaille für Verdienste um Kultur und Tradition auf dem Lande" vom Bayer. Staatsministerium für Ernährung, Landwirtschaft und Forsten für die Fachwerkhaussanierung Eggenbach, Haus Nr. 2,

1997 Nachweisberechtigung für den vorbeugenden Brandschutz bei Vorhaben mittlerer Schwierigkeit gem. BayBO, Aufnahme in Liste der Nachweisberechtigten der BYAK,

seit 1998 Webmaster und Autor der „Altbau und Denkmal Info" www.konrad-fischer-info.de,

1999 Ausbildung als geprüfter Sicherheits- und Gesundheitsschutz-Koordinator (SIGEKO) durch BauBG Bayern-Sachsen,

2002 BYAK-Zulassung als „Verantwortlicher Sachverständiger nach § 2 ZVEnEV",

2006 Verpflichtung nach § 1 des Gesetzes über die förmliche Verpflichtung nichtbeamteter Personen vom 2.3.1974 (Verpflichtungsgesetz) durch GTM Bremen,

1979–2007 ca. 440 kostentreu abgerechnete Projekte in alten und neuen Bundesländern für private, öffentliche und kirchliche Bauherren, davon ca. 400 Baudenkmal-Instandsetzungen, hunderte Baugutachten mit Sanierungsleitfaden nach einer Objektbesichtigung als Projektgrundlage für Bauherren mit anderen Planern bzw. eigener Projektleitung und Eigenleistung im deutschen Sprachraum.

KONTAKT

Konrad Fischer[22]
Dipl.-Ing. Architekt BYAK
Hauptstr. 50
96272 Hochstadt a. Main
Tel.: 09 574 – 30 11 7
Mobil: 01 70 – 73 515 57
Fax: 09 574 – 30 11
eMail: info@konrad-fischer-info.de

22 Foto: Ed Kane, www.roadstoruins.com